停止内耗

过一个不累的人生

若杉 著

江苏凤凰文艺出版社
JIANGSU PHOENIX LITERATURE AND
ART PUBLISHING

图书在版编目（CIP）数据

停止内耗：过一个不累的人生 / 若杉著. -- 南京：江苏凤凰文艺出版社, 2022.4（2024.1重印）
ISBN 978-7-5594-6455-2

Ⅰ. ①停… Ⅱ. ①若… Ⅲ. ①成功心理 - 通俗读物
Ⅳ. ①B848.4-49

中国版本图书馆CIP数据核字(2021)第269446号

停止内耗：过一个不累的人生

若杉 著

责任编辑　周颖若
特约编辑　柳文鹤
出版发行　江苏凤凰文艺出版社
　　　　　南京市中央路 165 号，邮编：210009
网　　址　http://www.jswenyi.com
印　　刷　唐山富达印务有限公司
开　　本　880 毫米 ×1230 毫米　1/32
印　　张　9.25
字　　数　145 千字
版　　次　2022 年 4 月第 1 版
印　　次　2024 年 1 月第 14 次印刷
书　　号　ISBN 978-7-5594-6455-2
定　　价　49.80 元

目　录

第一章
找到一个完整的自己

第二章
自我角力的内耗

第三章
告别完美主义

第四章
情绪自由

第五章
过一个不累的人生

第一章

找到一个完整的自己

最熟悉的自己和最陌生的“我”

01

我的来访者萧是个帅气的“90后”男孩，他的烦恼很有意思。萧在生活中喜欢有独立的空间，而他的女朋友爱插花、爱弹钢琴、爱攀岩，是一个把生活过得热气腾腾的姑娘。两个人交往之后一直各自租房，偶尔会住在一起，或是相约出去旅游，这样的生活对两个人来说是恰到好处的，彼此亲密又留有合适的距离，他和女朋友都很享受这样的相处模式。

有一天，萧和几个朋友一起吃饭的时候，朋友问他：“你和女朋友相处这么久，为什么不住在一起？”萧想了想，不知如何作答，然后觉得好像是有哪里不太对了。萧当时心里想：为什么别人谈恋爱都是腻在一起，而我和女朋友还是分开的，是我不够爱她，还是她不够爱我？

有些念头，一旦在心底萌发，便很难消失了。萧思考了很久，但感情浓度这件事，哪里是思考就可以有答案的。于是，他找了个机会，很认真地跟女朋友说："我们住在一起吧。"女朋友一开始是拒绝的，但在萧的坚持下，女朋友松了口，说可以试一试。萧当时说："我们住在一起，每天睁眼就可以看到彼此，一起吃早餐，还可以一起养条狗，多好！"

于是，他们住在了一起，也养了一条狗，但之后的生活并没有想象的那么好。两个人都爱睡懒觉，每天睁眼都是着急忙慌地把自己从床上拔起来，匆匆赶着去上班，根本没有时间一起吃早餐。下班之后，萧在家里仍然要处理工作上的事情，或是静静地发呆，而他的女朋友需要练琴，或是打开电视看看肥皂剧。一静一动，非但不是陪伴，还成了彼此的干扰。至于那条狗，每天因为谁去遛狗的问题，两个人有了固定的每日一吵。

住在一起不到两个月，萧有些崩溃，便来做了心理咨询。他问我："我们是不是真的不爱彼此？生活在一个空间里，便矛盾重重。"

我问："你们明明彼此保持独立就很好，为什么一定要把彼此拽到一个空间里呢？"

他说："因为别人都住在一起啊，谈恋爱就应该住在一起啊！"

我追问："哪种模式的生活让你更舒适呢？"

"当然是分开住。"他不假思索地回答我。

我说："既然如此，就让别人过别人的生活，你按照自己的想法过自己的生活就好，何苦把别人的模板套在自己的生活上呢？"

02

再说一个来访者的故事，她叫依，住在南方的一座小城。依说："我是个地道的南方姑娘，虽然看起来比较柔弱，但骨子里却有着我的先生都比不了的强硬。"

事实上，依确实是一个能干的姑娘，辞职创办了早教中心，结婚五年，生了两个孩子，事业和家庭都经营得有声有色。相对来说，依的先生则逊色了许多，大学毕业之后当了公务员，四平八稳地干了很多年。

依说："我从来不想靠男人，靠我自己也可以撑起这个家。"

我完全相信这一点，但还是反问她："累吗？"

依说：“还好。”

我再问：“真的不需要别人吗？”

“是的，不需要。”依的声音中有着自己的倔强。

我接着问：“是不想依靠，还是不敢依靠？”

这一次，她眼眶泛泪，许久没有回答我。然后，给我讲了她小时候的故事。

依的父亲在她出生一个月之后就离开了她和母亲，母亲说因为依是个女孩。为了养她，母亲没有再嫁，辞掉了小学教师的工作，转而去做了销售。在依的记忆里，母亲总是没日没夜地忙，依通常都和外婆待在一起。依的母亲做销售的工作很成功，在仅仅几年时间里，就从一个普通销售员做到了区域代理，后来则干脆辞职，创办了自己的公司。

家里的生活从父亲离开时的慌乱变得越来越好，房子也越换越大，但依看到母亲很辛苦，常常在一天的奔波后，累得连洗澡的劲儿都没有。身边的叔叔和阿姨偶尔想给母亲介绍新的男朋友，但都被母亲拒绝了，她说：“我自己可以过得很好，不需要依靠任何人。”

母亲的这句话刻在了依的心里，她一刻也不敢松懈地往前奔，不断地告诉自己：“我可以，不需要靠男人。”这是她生存的座右铭，早已经刻在自己的记忆里。

讲到这些的时候，依突然明白，自己一直以来的强硬其实是带着母亲对于男人、对于生活的恐惧。她和母亲一样害怕依靠，害怕再次受伤。于是，她把生活真正过成了一个人的“战斗”。

03

这两个故事都和寻找自我有关。一个是因为活在别人的套子里而模糊了自我；一个带着原生家庭的烙印，错以为“我”所了解的便是真正的自己。因为对自我认知的偏差，他们都有过一段拧巴的生活，在拧巴中痛苦着，也在痛苦中迷茫着，不知道生活为何如此，更不知道如何改变。直到他们离自己越来越近，听到了属于自己的声音，破解了关于自我的密码，才让生活重新舒展开来。

有时候，我们太渴望去探索陌生的世界、结识陌生的人，却在猛然清醒的那一刻发现，最陌生、最不了解的人，其实是自己。也许你会如萧一般，按照“别人都这样做”的社会模型去生活，违背自己的习惯并感到迷惑；或像依一样，因为原生家庭的烙印，固守着自己的坚强，活得辛苦而疲倦。

那个本应该最熟悉的自己，太容易变成陌生人。有太多的声音和期待，太多的“应该这么做”盘旋在内心，导致真正的自己被压得很小。所以，想要真正活成自己想要的样子，第一步便是用心去了解自己、读懂自己。

在咨询中，我常常会问来访者这样一个问题——如果可以，你希望过什么样的生活？然后请他们详细地描述自己所向往的生活。

你在做什么？

和谁在一起？

周围的环境是怎样的？

当时的心情如何？

……

出乎意料的是，面对这样简单的问题，很多人在思索良久之后，说的都是“我不知道”或“想不出来”。

每当这时，我的内心总是会为之一震。我们努力地生活、努力地赚钱、努力地想要实现梦想，可在内心深处，我们竟然无法描述自己想要的那种生活。如果梦想本身就是摇摆的，那在当下的生活里陷入迷茫，几乎是必然的。

从小到大，我们花了很多时间去了解别人、感知别人的需求。知道老师喜欢听话的小朋友，就去扮演乖巧；知道父母喜欢好成绩，就去努力读书；知道老板喜欢拼命的员工，就牺牲休息时间，努力创造业绩。可是，我们究竟花了多少时间给自己呢？对于自己，又了解多少呢？

有一个实验可以让每个人都做一下：选一个完整的时间，大概一个小时，不需要多加思考，在一张白纸上，写下以“我”开头的句子，越多越好。比如，我是一个怎样的人，我喜欢什么，我讨厌什么，我最想做的职业是什么，我害怕什么等。

写完之后，重新审视这张纸，它会给你一个关于“我”的轮廓。如果你此刻依然感觉迷茫，感觉对自己一无所知，那么从这个小实验开始，然后从这里出发，去寻找那个真正想成为的自己。

每个人都需要一段时间去了解自己，处理与自我的关系。然后重新上路，带着对前路满满的信心，一刻不停地奔向属于自己的成功。

愿你的生活，如所期、如所愿，真实而不拧巴。哪怕辛苦，也可以看见光亮，一直都是自己笃定的模样。

为什么你总觉得自己会失败

01

你是否有过这样的经历：

一份工作刚开始，心里已经觉得自己肯定做不好；

一个游戏的规则还没完全弄明白，就告诉自己最后还是会输；

一段爱情刚刚萌芽，还没体会到爱的美好，就告诉自己反正终究会失去；

……

好像所有的事情，困难的、容易的、重要的、不重要的，在你这里就只有一个结果——失败。有时候也会安慰自己："既然注定会失败，不如安心享受过程。"但大多数的时候，你只是对自己说："反正都是要失败，为什么还要去做呢？"

出于这种消极的想法，你放弃了很多尝试的机会，然后看着身边的朋友和同事在人生的道路上展开新的旅程，只剩下自己还在原地踏步。对于其他人的种种成就，你对自己说："我就知道，自己永远是失败的那一个。"于是，你的人生仿佛真的被一个又一个的失败串联起来，开启了自己的习惯性失败之旅。

从概率上说，成功和失败永远是各占50%，而对于你来说，失败却成了100%。很多人的失败，并不是真的做不好，而是从一开始就给自己设置了一个很难达到的目标。就像我之前的一个来访者，他是一个大学生，在咨询室里，他不止一次说自己很喜欢现在的专业，但怎么都学不好，问我要怎么办。

开始，我真的以为他成绩很差，可是后来我才知道，他的成绩是班级里的前五名，但是他的内心依然觉得自己是失败的。对他来说，只要不是满分，只要不是第一名，都属于成绩差。

他告诉我，每一道错题就像刀子一样刻在他的心里。从小时候开始，老师就会让学生把考试做错的题目记在一个错题本上，他从来都不这么做，他会因为错的每一道题而狠狠地惩罚自己，让自己永远都不会犯同样的错误。他不仅在学习上如此，对于生活里的很多小事，他也会很容易"失败"。

跟同学聊天，一不小心说错话，他觉得是失败；

出门买东西，忘了砍价，买贵了，他觉得是失败；

好不容易约同学出去玩，玩得不尽兴，他也觉得是失败；

……

对于我的这个来访者来说，只要不是最好，都意味着失败。哪怕是犯了很小的错误，或者不符合内心的期待，对他来说就都是失败。这样看来，他的生活中充满了失败，根本无法走出失败的旋涡。可是发生在他身上的事情，并非世界对他如此残酷，而是他从一开始就给自己设定了一个难以达成的目标。

一个人对自己的高标准往往与早期的重要他人有关系。这个重要他人可能是父母，可能是兄弟姐妹，也可能是启蒙老师，或者某个对他影响巨大的人。比如，父母对他的要求严格，如果考试成绩不好，就会予以惩罚，在这样的成长过程中，孩子会把这种高标准的要求内化于心。

还有一种情况，虽然父母对孩子并没有提出过高的要求，但是他的兄弟姐妹非常优秀。这在无形中给了他一个难以企及的目标，他就会不得不逼自己变得优秀，然而不管他怎么努力，就是追不上。出于这样的原因，他也会产生“我怎么做都做不好”的感觉，从而在心理上产生一种习惯性失败，哪怕他已经足够优秀。

02

失败的自证循环——我失败，因为觉得自己会失败。

有这样一个实验：生物学家在玻璃杯中放入一只跳蚤，跳蚤很容易就跳了出来，然后将这只跳蚤放入加盖的玻璃杯中，跳蚤一次次跳起，又一次次被杯盖弹回，一周之后，即使生物学家取下盖子，跳蚤也跳不出来了。这就是“跳蚤效应”。

很多时候，我们像极了这只跳蚤。曾经拼尽全力的考试却没有获得想要的结果，就告诉自己不适合考试，便不再尝试；曾经熬夜写下的文案被领导批得一无是处，便觉得自己再努力也没有用，反正都做不好。就这样，失败变成了一个自我证明的循环：我知道自己做不好，所以不再付出努力。而一旦选择不再努力，不再尝试，便不可能有成功的机会。

其实，很多人所谓的习惯性失败，不过是连尝试都没有过的“顾影自怜”。美国著名心理学教授沃尔特·米歇尔曾经做过一个棉花糖实验，在实验中，小孩子可以选择立刻得到一样奖励（可以是棉花糖，也可以是曲奇饼干、巧克力），或者选择等待一段时间，得到相同的两样奖励。沃尔特·米歇尔发现，孩子们越是把自己看作积极结果的促成者，他就越有可能在棉花糖实验中选择延迟满足，控制冲动倾向。也就是说，他越相信“我能做到”，就越会调动一切可以利用的因素达到自己所期望的目标，而结果就是，他们真的做到了。

米歇尔说：“这些孩子相信‘我能做到’的效能感和自我力量会成为他们成功的基础，并形成基于现实的乐观期盼。就这样，每一次成功都在增加下一次成功的概率。”

成功与成就感会形成一个循环，失败与失败感亦然，关键在于你是在构建成功循环还是失败循环。

03

如何打破失败循环？

很多时候，人之所以失败，是因为连第一步都不曾迈出，连成功的可能性都没有留给自己。“要么不做，要么做到最好”，这句话看似刚劲有力又足够励志，被很多人当成人生信条，但是我觉得还是不要过于执着做到最好。最好并没有一个标准，如果一开始就把事情定位到做到最好，很有可能的一种情况是，你连开始都没有，就已经放弃了。

有一段时间，一个朋友热衷于创业，每天都在寻找各种项目。一会儿想开亲子培训机构，一会儿又想开中国最好的咖啡馆。考察来，考察去，最终都放弃了。因为他发现不管迈向哪个领域，都已经有人做得足够好了。而当朋友想着如果做不到最好，又何必开始时，他便连开始的勇气都没有了。

没有开始的失败，其实是最大的失败。如果想要走出习惯性失败的循环，建议你从 0.1 开始做起，只要开始了，一点一点向前，就会离目标越来越近，当成功的信心一点一点地积累起来，你便在不自觉间进入了一个成功循环。所谓成功循环，即每一步的成功都会奠定下一步的信心，而下一步的信心，又会促进下一个目标的实现。如此，便进入了良性循环。

走出习惯性失败并不难，关键在于你愿不愿意从 0.1 开始。

你没有病，只是很特别而已

01

做心理咨询师以来，常常有来访者走进咨询室，只是为了问我一句：“老师，我有病吗？”

他们不能确定自己是否有病，来到咨询室就是想要一个明确的答案。比如，一个 30 多岁的女性，她厌倦了现在的生活，想带着丈夫和孩子去日本京都定居，换一个陌生的环境。她说自己考虑这件事已经有好几年了，之前还特地去日本待了半年，对于之后如何生活、如何把国内的事业延续到国外、如何解决孩子的上学问题，她都有明确的规划。即便如此，她的家人也是十万个不同意。

先是丈夫觉得她瞎折腾，好不容易说服了丈夫，母亲那里又成了一道难关。母亲甚至直言：“你是不是有病，才会有这么多乱七八糟的想法，不然先去看看心理医生？”不过是想要选择自己生活的地方，就这样困难重重。姑娘被质疑得太多了，跑来问我：“你说，我有病吗？”

还有另外一个故事。一个来访者想要辞掉现在的工作，去学习制作甜点。其实她很早就有一个梦想，就是在35岁的时候送给自己一个蛋糕屋。做甜点是她喜欢的事情，这些年勤奋工作攒下的钱也足以支撑她实现梦想，但是当她准备辞职的时候才发现，阻挡她实现梦想的，除了钱，还有别人的眼光。

她的先生发挥了自己财务专业的优势，给她算了一下转行之后经济和职业发展上的多重损失，然后得出一个结论——现在辞职，就是有病。她的先生说：“蛋糕屋是小女孩的梦想，你都多大了，还有这些不切实际的想法。”

原本十分坚定的她，在丈夫的分析之下，开始动摇了。在迷茫中，她找到了我，只是为了问我一句：“老师，你说我是真的有病吗？”

02

这些来访者的故事，让我想起了自己的一段经历。2014年，我决定离开原来的工作岗位，全职学习心理学。对于自己的这个想法，我也纠结了很久。我考虑了离职以后可能遇到的种种困难，发现最困难的不是自己的经济问题，也不是之后的未知，而是我会变成一个和很多人都不同的人。我将没有正式的工作，没有每个月固定收到的工资。更干脆一点，我可能在很长一段时间里连自己的职业是什么都说不清楚。

这其实挺让人恐惧的。百般纠结之下，我自己约了一次心理咨询。这也是我人生第一次和心理咨询这个职业真正产生关联。在咨询中，我说出了自己的困惑。我当时说："我很怕别人说'好好的姑娘就不能踏踏实实上个班，为什么一定要这么折腾呢？这不是有病吗？'"

听了我的话，咨询师认真地看着我说："可这就是你啊！"咨询师的这句话，当时真的击中了处于混沌状态中的我。我们太习惯活在别人的眼光里，太习惯按照社会默许的规则过自己的生活，也太习惯把"大家都这样"当成自己生活的必然选项。可是，你就是你啊！你有权利与别人想的不一样、做的不一样，你的生活节奏应该由自己掌握。

在咨询师说出这句话之前，我安安静静、本本分分地做一个社会的分母，试图把生活过得规矩，过得和其他人一样。当辞职转行的念头从脑海里出现，我是那么害怕，怕被别人当成一个特例来看。于是，我开始怀疑自己是不是哪里出了问题，才这么坚决地想要告别既定轨道，去走一条“与众不同”的路。在探索这条路之初，我想的第一件事不是如何把这条路走好，也不是如何去面对之后可能遇到的困难，而是问自己：你怎么了？为什么不可以好好上班、好好下班，一直到退休？

这次咨询后的一周，我真的辞职了。因为在老师的提醒之下，我发现自己只是做了一个与“我”有关的决定，与他人无关。这之后的生活，如我所料，看上去真的“有病”，花了两年的时间全职学习心理学，即将30岁的年纪，还只是某个学科的学习者。在很多人看来，的确是难以理解的选择。就算有咨询师的那句“可这就是你啊”傍身，我也曾被身边人一句“你究竟在忙什么”问哭过。

03

走一条与别人不太一样的路，注定是一件辛苦的事情。也是在那个时候，我理解了为什么安稳、“标准化”的人生是很多人的选择。因为群体共识会带来强大的安全感。人天生是需要安全感的，但是又不能仅仅依靠安全感而活。我们每个人都有一个强大的“活出自我、按照自己的心意而活”的愿望，这个愿望有时候会被轻易地定义成“有病”。

想起蒋勋的一句话：一个成熟的社会应该是鼓励特立独行，让每一种特立独行都能找到存在的价值，当群体对特立独行做最大的压抑时，人性便没有办法彰显了。那些别人眼中的有病和特立独行不过是自我区别于他人的特质而已。

回想起来，自己那段“有病”的时光也只不过短短两年的时间。因为两年以后，我成为了一名职业的心理咨询师，后来出版了图书；在那之后，又成立了自己的心理咨询工作室。我看起来越来越正常，甚至开始有人向我表示渴望过我这样的生活，渴望像我一样，过一段属于自己的人生。

原来别人眼中的“有病”和“正常”，是可以这么轻易改变的概念。我庆幸自己有过那么一段“不正常”的时光。

也庆幸在那时，有人听到我的想法和困惑，没有一棒子打死，没有轻易用“正常”来束缚我，而是告诉我：“这就是你啊！”

如今，当听到更多人向我描述他们的困惑，看到更多的人因为自己不那么“正常”的生活选择而质疑自己，我想起了自己那段“特立独行”的时光。我想把咨询师当时对我说的那句“这就是你啊”，送给更多的人。

你没病，你只是想要遵循自己的内心，做出一个属于自己的选择。而那个从心而生的选择，必然是特别的，与其他人不一样的。每一个人都应该是特别的，每一个人都应该有属于自己的选择。当你发现自己过得与别人不太一样时，你要庆幸，你在为自己生活，而不是为某种规则活着。

你没有病，你只是想做自己而已。

别让贴在身上的标签束缚了你

01

我们每个人身上都有许多标签，有些标签关于身份确认，比如你是谁的女儿、谁的妻子、做什么工作、职位是什么；有些标签则是关于个人特质，比如你的脾气是温和还是暴躁、大度还是小气、敏感细腻还是大大咧咧。这些标签大多是别人加在自己身上的，但时间长了，慢慢也会形成一种自我认同，在生活中不由得会按照这个标签的要求来约束自己的行为。自我对于标签的接受与认同有时候是好事，但是有的时候，不加考虑地把这些标签加诸己身，难免会形成另外一种枷锁。

在这里给大家讲两个故事。我的一个朋友，性格一直很温和。但凡跟她接触过的人，没有一个不夸她的脾气好，在我的记忆里，她也从来都没发过脾气。她的好脾气在很多人眼里是优点，却在很长的时间里困扰着她，尤其是当她在职场上的职位越来越高，责任越来越大之后。

在一次聊天中，她说："我在这个公司做了10年，领导、同事都跟我很熟，大家都知道我性格温和，懂得在中间磨合，从不发火。久而久之，我自己也希望一直温和下去，但是从小员工做到销售总监，身上的担子越来越重，有时候碰到不靠谱的下属或是不靠谱的客户，真的很想破口大骂。但是，转念一想，这样一来，大家会说，'原来，你也有这一面啊，以前的温柔不会是装的吧。'为了维持自己的形象，只能继续温和下去了。"

为了这个"温和"的标签，她付出了很多，有时想要高声说几句话，都会刻意把声音放低，把语速放慢。当然，在我一个心理咨询师看来，她付出最多的是忍耐那些积压在心底的情绪和想表达而未表达的愤怒。

还有另一个故事。一个来访者对我说，在别人眼里，他是一个好人。好到什么程度呢？就是身边的人都坚信，找别人帮忙会被拒绝的事情，在他这里一定能获得一个"YES"。而他之所以走进咨询室，也是因为厌倦了做一个不懂拒绝的好人。

事情的导火索是一个许久没有联系的初中同学，辗转几人后找到了他，加上微信，几句寒暄之后就直奔主题。原来是老同学的父亲生了病，想要借钱。老同学对他说：“我找了很多人，都帮不上忙。上学那会儿，你就是个热心肠，所以请你一定要帮帮我。”

我的这位来访者被这段“告白”弄得不知所措，虽然有几分不情愿，但还是选择把钱借了出去。借钱之后的很多天，他的心里都不是滋味，总觉得被什么东西绑着，特别不舒服，又不知道去哪里说，所以想到了心理咨询。

02

上面两个故事的主角，一个被贴上了“温和”的标签，一个被贴上了“好人”的标签。这些标签，乍一看都是好的，但是如果不加区分地活在标签里，就变成了负累。有时候，一些不好的标签反而更容易被识别，也容易被撕掉。比如懒散、不求上进、不修边幅等。但真正让我们束缚其中而不愿意走出来的，都是一些看似美好的标签。

我们被束缚在这些美好、看起来善意满满的标签里，是因为这些标签里有我们想要的社会认同。每个人都渴望获得别人的夸赞，孩童时代，我们从妈妈的一个笑容、一个亲吻，一句“我爱你”中获得自我认同；长大以后，我们在与他人的互动中，靠他人的称赞来获得这种社会认同。这种认同可以让我们摆脱孤独感，获得进一步与他人交往、挑战新鲜事物的勇气。

对于这种认同和对于安全感执着的追求，勒庞在《乌合之众》中写道：“一到群体中，智商就严重降低。为了获得认同，个体愿意抛弃是非，用智商去换取那份让人倍感安全的归属感。”

勒庞或许说得更为严重些，我们并不确信人是否因为追求认同而让智商有所降低，但我们确信的是，过分地追求别人的认同，会让我们更少地看见自己。当你追求一个“温柔”的标签时，你会看不见那个想要暴躁发脾气的自己；当你追求一个“大度”的标签时，你会强求自己明明很计较却要装得不在意；当你追求一个“坚强”的标签时，你会忍住那些因为软弱而掉下的眼泪……

这一方面会让情绪受到极度的压抑，另一方面会让自己迷茫在那些所谓的标签里，离真实的自己越来越远。正确的做法是。

第一，接受赞美而不过分在意。

要提醒自己，别人的赞美只是从别人的角度出发来评价你，这代表对方的感受和观点，并不代表真实的你。这样的清醒会让你有能力在一个满是评价的社会中保持一个相对清醒的自我。不对赞美过分执迷，也就不会对批评过分敏感。

每个人对自我的评价始终来源于自我评价与社会评价两部分，但社会评价常常过于强大，会吞噬掉自我评价的部分。我们要做的便是努力在听取外在声音的同时，依然清晰地听到自己的声音。

第二，承认自己的多面性，不执着在单一的标签里。

每个人都是多面的，宽容是你，计较也是你；光鲜亮丽是你，随性邋遢也是你；勤奋上进是你，偷懒拖延也是你。如果硬把自己束缚在标签里，便是把一个丰富多面的自己扔进一个固有的套子里，让自己活得僵硬而不自在。

因为你是多面的，别人对你的评价必然也是多面的。承认自己的多面性，接受他人评论同时期、不同状态下的你，你才不会迷失在诸多的评价里，不在评价里变成单一的自己，不把人生变成一场面对观众的表演。

如今，互联网越来越发达，我们接触的平台也越来越多，被评价、被贴标签的机会自然也会相应地增多。在时时刻刻都有可能被评价的生存空间里，保持自我、保持清醒是比涌入人潮、接受评价更难的一件事情。

愿我们在喧闹的世界里，依然看得见自己。

如何找到自己擅长的领域

01

在所有的幸福之中，能够做自己擅长的事情肯定算一种。我们都知道，一个人做自己擅长的事情更容易成功，更容易感受“心流”的状态，当然也更容易快乐。但是，很多人可能一辈子也没有找到自己的擅长所在。

世界顶级咨询机构盖洛普公司，在全球范围内对1000万人进行了调查，结果显示，只有1/3的人认为在工作中，自己每天都有机会做最擅长的事。而该公司的另一项调研表明，那些有机会每天做擅长之事的人，全身心投入工作的可能性要比其他人高出5倍，认为自己整体生活质量较高的可能性也要高出其他人两倍多。

这让我想起了村上春树，村上春树是在30岁那年才开始写小说的。而他写小说的出发点也极其富有戏剧性。某天，他在看一场棒球比赛的时候，突然冒出了一个想法——对了，没准我也能写小说。棒球比赛结束后，他就坐上电车，赶到新宿的纪伊国屋书店，买了稿纸和钢笔。那个时候，村上春树和妻子正在经营一家卖爵士唱片和咖啡的小店，没有完整的时间写作，他就在深夜打烊以后，在厨房的饭桌上开始写作。谁都没想到，他的第一部长篇小说《且听风吟》，一经出版就获得了文艺杂志《群像》的新人奖。之后，他正式走上作家的道路。

如今，村上春树的作家生涯已有近40个年头了，写了多部畅销世界的经典之作，并且多次获得诺贝尔文学奖的提名。后来，谈到那个看棒球赛的下午，村上春树觉得犹如天启一般，“就是有一天，什么东西出现在你眼前，然后万物为之一变”的感觉。村上春树能够抓住那个闪光的瞬间，并且让那点光亮逐渐放大，与他几十年如一日的自律有关，但必然也与天赋有关。也就是说，他恰巧找到了那个自己擅长的事情，所以一击即中；又因为这样正向的鼓励和持续的热爱，一路走来，他成就卓著。

我们期待自己也能像村上春树一样，找到自己擅长的事情，并且持久地做下去。首先，我想先和你聊聊擅长的事情究竟是什么？

简单来说，擅长的事情就是那些你比身边人付出更少努力却可以达成更好效果的事情。比如，写作之于村上春树一定是擅长的事情，在没有任何写作训练的情况下，仅凭一个“天启”的瞬间，一气呵成写完一部小说，然后拿到新人奖，必然是有写作天赋在其中的。

02

擅长的事情就是喜欢的事情吗？

不一定。举个例子，有人很喜欢打篮球，但由于身高、弹跳能力等因素的限制，他可能无论多么喜欢，都无法把篮球打得很好。所以，喜欢的事情不见得是擅长的事情；但是擅长的事情有可能变成喜欢的事情。因为你会轻易获得做这件事的乐趣，并获得外界的正向反馈，这种来自内在和外在的激励，会让你变得越来越喜欢这件事。

那么，要如何找到自己擅长的事情呢？英国教育家肯·罗宾逊在作品《发现你的天赋》中，把发掘天赋的过程分成以下三步。

第一步，屏蔽干扰。

我们的想法常常会被外界所干扰。比如，读书的时候，有人告诉你文科好还是理科好；长大之后也有人告诉你，是工作稳定重要，还是肆意挥洒时光更赞；更有铺天盖地的广告告诉你，什么样的车、什么样的手表、什么样的食物更能显示你的品位……

这些来自别人的声音和外界的信息会影响我们的判断，阻碍我们发掘自己的天赋、找到自己擅长的事情。所以，要回归本心。找到自己的本心，首先要有一个独立的与自己相处的时间，能够屏蔽干扰，感受自我。关于这一点，冥想和瑜伽都是很好用的方法。

很多人在练习瑜伽和冥想的时候，经常会发现自己的思绪混乱，很难静下来。这是因为我们的大脑已经被各种思维过度侵占，难以做到真正的休息。因此，需要持续的练习。每天留给自己 10 分钟左右的时间，不考虑工作，也不考虑未来，给大脑一个清空内存的机会。

只有清空大脑，过去那些闪光的、被压抑的时刻，才可能自动跳出来。比如，你可能记起某一次的油画体验课，你玩得非常开心；或者刚刚读了一本非常好的书，与朋友分享时充满激情和乐趣。记住这些时刻，它们很可能就是你发掘自己擅长的事情的起点。

第二步，变换角度。

屏蔽干扰之后，你可能会发现，自己有很多这样的闪光时刻，究竟要抓住哪一个让它继续闪光下去呢？接下来就要从你的生活愿景入手，去探索你究竟想要什么样的生活。然后，再从那些闪光的时刻中，找出与愿景相符的方向，执着地走下去。

两个方法介绍给你。

第一个方法：做一个愿景板。

愿景板是由你的各种愿景和期待构成的。尽量找到自己喜欢的照片、剪贴画、文字，然后把它们贴在一个板子上。愿景板可以帮你把喜欢的东西组合在一起，以一种直观的方式告诉你，你要的生活，就是这样的。做完了愿景板，试着从过去的经验中寻找，看看哪些能力和经验离自己想要的生活更近，更有可能达成目标。

第二个方法：自由书写。

自由书写有点像精神分析中的自由联想，就是给自己一个词，然后不设限、不思考地写下去。它的目的是让你在自主、无计划和无约束的情况下了解自己的想法和感受。比如，你可以从“我的热情”这几个字写下去，一开始，不间断地写 5 分钟，不要思考，更不要停下来修改。之后，你可能越写越久，从 5 分钟、10 分钟到 20 分钟，甚至更长的时间。写得越久，离自己的潜意识越近，越容易找到自己喜欢且擅长的事情。

第三步：勇敢尝试。

天赋永远不等于能力。即便是村上春树，在发掘出自己的写作天赋之后，也需要在日复一日的练习中让自己精进。所以，哪怕发掘出自己的天赋所在，找到自己真正擅长的事情，也需要更努力地去磨炼技能，让天赋成为真正出众的能力。无论是作为安身立命的本领也好，还是作为一生钟爱的事业也罢，天赋加上努力，这样才能让你充分享受做擅长的事情所带来的喜悦、成就和幸福感。

03

可能有人会问，如果我始终没有找到自己的闪光点，更没有可能在此基础上释放天赋，这样应该怎么办？如果没有发现自己擅长的事情，大多是以下这两个原因。

第一个原因：自我设限。

简单来说，就是你刚刚发现一个兴趣或闪光点，紧接着就跟自己说“我不行”。这个“我不行”有可能是你觉得只比同龄人好了那么一点，算不得擅长。也有可能是觉得这样的擅长根本登不上大雅之堂，没法成为安身立命的工作。比如，有些人擅长表达，但想着“又不做主持人”，擅长这个有什么用。殊不知，擅长表达，喜欢分享，在如今的网络时代是多么宝贵的能力。你可以讲课，分享自己的职场经验；可以读一本书，然后把自己的解读分享给大家。这些都能让你在获得快乐的同时，还能取得不错的收益。但是很可惜，很多人一开始就把光亮给掐灭了。

第二个原因：缺乏行动。

很多人以为，所谓擅长，就是不努力也能做得很好。就拿唱歌这件事来说，有人说唱歌的能力是天生的，当然不会这么绝对。退一步说，就算有人真的天生有一副好嗓子，他也需要日复一日的练习。记得在一次采访中，一个很有名的歌手说自己一年大概有 300 天都在录音棚里。我们看到的是歌手在舞台上的高光时刻，但对他们来说，大多数的时候，不懈的努力才是日常。因为缺乏行动，很多人把那些原本可以无限放大的闪光点浪费掉了。

说到最后发现，努力其实是天赋的标配。有那么一些天赋，又愿意用百倍的努力让天赋更加闪耀，才是很多人成功的原因。

那些找到自己擅长的事情并从中获得幸福的人，不是完全依靠天赋而享受着上天的馈赠，而是甘愿为自己喜欢且擅长的事情付出。

擅长背后，皆是努力。

所谓情商高，是懂得界限感

01

朋友做完美容，不见神清气爽，倒见疲惫与气愤。问及原因，她说："这哪是美容？简直是受虐，还是精神虐待！"

接着，朋友忍不住叙述了整个过程。她刚进美容院，就被一位大姐开启了查户口顺带逼婚模式。

"姑娘，多大了呀？"

"30 岁。"朋友答道。

"哦，那应该结婚了。老公是做什么工作的，孩子多大了？"大姐一连串的问题让朋友感到有些烦扰。得知朋友还没有结婚，大姐更是来了兴致。"怎么还没结婚啊？姑娘家的，可得抓紧啊！"

朋友自认倒霉，决定装聋作哑，不再理会大姐的问话，一心想着赶紧做完美容，离开便好。大姐倒是不在意，自顾自地接着问下去，从身份调查变成财力评估。

“小姑娘，你是做什么工作的啊？一个月能挣多少钱啊？看你平时还能做做美容，收入一定不错吧？”

“小姑娘，我看你身上的衣服挺好看的，是什么牌子的啊？多少钱买的啊？”

“小姑娘，你那包看着挺高档的，多少钱啊？”

……

朋友忍无可忍说：“你再问下去，我投诉你！”

大姐意识到问题，停止了“盘问”，但狭小的空间里，两人互不搭话，尴尬地待着，也极不舒服。两个小时的美容过程，原本为了愉悦放松，却变成了蹂躏身心。

朋友无奈地说：“我知道她是想套近乎，缓和气氛，可是也太越界了。第一次见面，我怎么会把自己的生活状况和经济状况说给一个陌生人，这样也太没分寸了。说好的情商呢？”

我特别理解朋友的感受，我们每个人应该都有过类似的经历，被没见过几次面的亲戚追问是否结婚，工资有多少；被认识不久、尚未建立信任的朋友借钱等。当我们谈论这些人和这些事的时候，总免不了说一句：“情商太低。”

其实，所谓情商，无非是对界限的把握。这个界限，包括时间的界限、亲疏的界限，也包括场合的界限。情商高的人，往往是对这种界限的微妙之处能够准确拿捏，充分考虑对方的感受，让彼此都很舒服。

02

你去朋友家做客，朋友为表示好客，亲切地对你说：“别客气，就像在自己家一样。”如果是特别亲密的朋友，当然可以随意一些；如果只是普通朋友，那么你的随意就显得失了分寸，在对方看来也是一种情商低的表现。

同事穿了一条新买的裙子，你觉得颜色、款式和她都不太相称，如果关系特别好，开玩笑似的说出来也无所谓，如果和对方是没什么交集的普通同事，礼貌地说一句“裙子很漂亮”就好，不扫人家的兴致，这就是在当时最好的选择。

你在平时可以穿T恤和牛仔裤，放飞自我，追求舒适，但如果你去看一场音乐会，着装考究，不仅是对表演者和演出的尊重，也是对自己的尊重。

我见过很多在职场大放光彩的人，他们在自己的工作岗位上决策果断，占据着绝对的中心位置，但在下班之后，转而走进一个学习的课堂，他们个个谦卑，像个求知的学生，完全不见平日的气场。这种对角色准确定位、适应的能力，也是一种高情商的体现。

一个人的高情商，不在乎懂得多少，而是在于清楚自己在环境中的角色，并扮演好这个角色。反观朋友在美容院遇到的那位大姐，如果明白和别人初次见面时，问问题不宜太私密，也不至于让双方如此尴尬。

03

我们每个人都有自我边界。所谓自我边界，是指个人所创造的准则或规定，并且以此来分辨什么是合理和安全的，别人如何对待自己是可以被允许的，以及当别人越过这些界限时自己应该如何应对。

个人边界主要包括两种类型，一种是身体层面的，另一种是心理层面的。身体层面的边界主要是指个人空间以及接触上的考虑，可以通过衣着、住所、噪音容忍度、言语指示和身体语言等方面来表达；心理层面的边界主要是指想法和观念等方面独立于他人。这些边界能够保护你的自尊并提高对自己情绪的控制力。

我们在生活中见到的那些高情商的人，无一不是在身体层面和心理层面都懂得尊重对方边界的人，小到在别人看书时自觉低声说话，或者看视频时戴好耳机，大到尊重你的信仰和想法，不在你的面前谈论违背你的信仰或你所尊重之人的负面新闻。

从心理学的角度分析，最容易侵蚀别人边界的是具有自恋型人格的人。因为自恋型人格的特质是以自我为中心、认为自己是世界上独有的，应该享受别人没有的待遇。因为这种特质，他们常常侵犯别人的边界而不自知。在他们的世界里，自我的外延无限放大，却缺乏对别人需求的感知能力。比如自恋者在每件事情上都喜欢求胜，即使在不重要的游戏或者对某个观点的讨论中，他好以世界为中心的个性会引领他不顾一切地去求得胜利，满足了自己对赢的渴求，却很可能在无意间伤害对方。

曾经有读者留言问我，情商低是不是天生的，有没有提升的可能。所谓的情商低当然不是天生的，而关于提升的可能则是肯定的。所谓情商高，无非是愿意放低自己，多听、多看、多感受，以此来更加了解对方的边界并愿意尊重这种边界。

每个人都可以成为高情商的人。

目标感太强的人会推开幸福

01

我们这一代人都是活在目标里的。从踏进小学的校门开始，就有一个目标——考大学。这个目标，一立就是十几年。目标面前，自己、家长和老师全都紧绷着，所有与目标无关的事情都被认为是无意义的。

看课外书，与考大学有什么关系，不如省下时间背课文；作业没写就想出去玩，就上次考试的成绩，多做几道数学题再说吧；看电视，悬疑剧有什么营养，不如看看科普节目，考试没准碰上了，还能多得几分等。

类似的话对很多人来说，一点都不陌生，在高考之前都听过无数遍。被目标“蹂躏”久了，自己也越发习惯只做与分数有关的事情。考试不考的文章，不管多有趣也会略过；

考试不考的章节，直接在书上画个叉跳过；考试不考的科目，连应付都显得多余。这种强烈的目标感带着我们走过高考，有的人很幸运，成为目标感的受益者，考取了心仪的大学；有人的运气差一些，虽然拼尽全力，仍然考不上理想的大学。无论幸运与否，“为目标而活”都根植在每个人的心里。只不过在人生的不同阶段，这个目标不再是高考，而是爱情、婚姻、金钱与利益。

为目标而活当然不是错误，但凡事要有度，如果变成只为了目标而活的话，生活的幸福感就会大打折扣。我在咨询中见过很多目标感极强的人，他们如愿达成一个个的目标，但是那些目标并没有给他们带来如期的快乐与满足，反而让他们变得更加焦虑，或者他们只是在完成目标的那一刻，短暂地感到过快乐，然后便陷入对新的目标的追逐中，不停循环。

我的来访者喻，她算是同龄人里的佼佼者，大学毕业之后的第 5 年，她就拿到了很多人梦寐以求的百万年薪。在同龄人还在为要不要入手当季的新裙子时，喻给父母在老家买了房子。在父母和身边的朋友眼中，喻应该是一个每天笑着醒来的人，而事实上，她已经因为抑郁症服药半年，每天晚上都要与失眠斗争一番。

在咨询中，喻告诉我：“我的心空了，目前在做的事情让我提不起任何一点兴趣。我曾经以为上好的大学、做好的工作、挣到足够多的钱，我就会快乐了。可是，做到这一切的时候，我比以前更不快乐。”

喻的问题其实和很多人一样，其中有两个原因。

第一，太过在意目标达成与否，忽略了自己的感受。

人们想要追求快乐和幸福，但快乐和幸福都是一种看不见摸不着的感受。目标感过强的人，长期以目标为导向，强制关闭自己的感官系统，他们没有时间去感受挫败、愤怒和沮丧，只关心自己的时间是否被高效利用，所做的事情是否与达成目标有关。情绪在他们看来太矫情、太浪费时间，不如从自己的身体里清除。可是，情绪只能被压抑，并不能完全消失，长期无视自己的感受，情绪积攒了太多，让自己变得迟钝，感觉不到开心，也感觉不到不开心。

第二，永远需要下一个目标。

对于像喻一样把追求目标当成习惯的人，生活的动力在于下一个目标。他们的人生就像是一场通关游戏，只要有下一关在那里，他就可以强打精神，活力满满地投入战斗。但是，一旦把游戏打到通关或者在游戏中不能感到快乐，他们便像泄了气的皮球一样，茫然不知所措。

第三，长久地活在别人的评价里，失去了自我。

目标感很强的人，乍看之下都是生活中的佼佼者。他们对自己有着清晰的规划，愿意付出别人不愿付出的努力，同时也收获着别人的羡慕和肯定。这些听起来都是好事。但有的时候会成为负累，就像一个常常被夸很乖、很懂事的孩子，会因为习惯夸奖、期待得到更多的夸奖而努力做一个更乖、更懂事的孩子。这样做的结果就是连自己都搞不清追求的目标究竟是自己想要的，还是别人期待自己达成的。

02

写到这里，我开始认真地回想，当年为之努力的高考，究竟是自己的目标，还是老师、父母、社会的“合谋”？其实答案并不是那么清晰。

活在强加给自己的目标里会形成一种错觉，只要达成目标，自己就会开心，就可以幸福了。而事实上，目标达成的那一刻，你会短暂地拥有快乐。然后看到新的目标，就会开始新的焦虑；如果看不到新的目标，便会陷入迷茫。有解吗？我的解法是，试着活在状态里，而不是目标里。所谓状态，就是对当下的体验。

写这篇文章之前，我在朋友的工作室与她聊天。朋友爱花，工作室的一角放着新插进花瓶的百合。透明的玻璃瓶里，清水盈盈，百合散发着浓郁却不甜腻的香味。在与朋友聊天的过程中，我多次忍不住把目光移向百合，自己的心情因为它变得特别好。

那是当下的美好，不需要达成什么目标，不需要想象什么未来，就可以收获的幸福。我不是在劝导大家要放弃目标，做一个随生活而行的人。而是想告诉大家，当一个人目标感过强的时候，视野会变得狭窄，错过身边触手可及的美好。

其实，当你设立许多目标、达成许多目标，也错过许多目标之后，你终究会发现，“如果……就好了”这个句式原本就是错的。人生没有一劳永逸，每一种状态都是有好和不好的，焦虑与期待同行。所以，试着享受当下正在做的事情，它一定不完美，但是一定也有让你喜爱和享受的部分。带着这个心态上路，你会发现自己要走的路好像更宽了，而且在路上的状态会让人感受很多真实的美好。

今年是我做心理咨询师的第7年，我原来很喜欢给自己定一个3年或5年的长期计划，但是自从做咨询师以来，这些计划在我心里已经消失了。每一年的计划和目标都变成了三个字——在路上。我只希望每一年的自己都能认认真真地做咨询，让自己积累更多的经验，可以更好地理解来访者的感受，也能在工作中获得更多人与人心灵共振的快乐。

这种状态是我珍视的，如果一定要说有什么目标，那就是成为一个越来越好的心理咨询师，而这个目标会是享受每一次咨询的状态之后，自然而然的结果与馈赠。

活在状态里的快乐要比活在目标里的快乐更长久，也更踏实。

生活变得无趣，是从不敢承担责任开始的

01

不参与，就不会输?

一个读者给我留言，他说自己的生活过得很无趣。领导分配给他的一些工作很琐碎，也不是他的职责所在，但是也不想反驳，勉强答应之后又不愿意去做；和朋友们一起吃饭，问他想吃什么，回答永远是“随便”两个字；女朋友让他考一个证书，他觉得没有什么用，最后也没有考。类似的事情还有很多，他在留言中问我，自己到底怎么了，好像对什么事情都没有兴趣。

看到这位读者的留言，我想起原来上学时的一个同学。那个时候，我们刚刚开始有了化学课，这个同学的成绩很好，除了化学。期末考试在考化学的时候，她以身体不舒服为借口，没去考试。之后成绩公布的时候，她的总成绩虽然一般，

但仍然和其他同学说："我就是没考化学，要是考了，总成绩说不定可以排进全班前五。"

如今想来，同学当时的举动有些可笑，是典型的"我没有参与，就不算输"的思维。其实，这种思维在很多人身上都有体现，也不只是发生在学习这件事上。随着时间的推移，我们逐渐长大，"我没有参与，就不算输"的思维仍然以各种各样的方式出现在我们的生活中。

就像那位给我留言的读者，从表面上看，他是因为"佛系"导致了自己生活的无聊，实则是因为这种"我没参与，就不算输"的想法。换一种说法就是，不想承担责任。

领导分配任务，他虽然不想做，但没有反驳，最后勉强做完。因为不想承担反驳后的责任，所以选择不反驳、不作为；和朋友一起吃饭，只选"随便"，因为选择就要承担自己所点菜品是否好吃的责任，不想承担，所以不选择；不参加考试是因为一旦考不过就要承担不努力或者不聪明的责任，不想承担这种责任，所以一开始就拒绝。

这种拒绝一切的态度看似云淡风轻，其实背后最大的风险是把自己扔到一个自以为安全的笼子里，然后看着外面的世界风云变幻，自己则独守着无聊，也不知道如何改变。

02

为什么我们会不敢承担责任呢？很多人不敢、不愿承担责任，大致有以下三个原因。

第一，习惯性外化。

当一个人不想承担责任的时候，最简单的方式便是把责任归到外界。就像我的这位读者，当我告诉他，你可以主动与领导讨论可以承担的工作内容，和朋友吃饭可以不选择吃“随便”，甚至可以拿起书本，为一场久违的考试拼搏一次。这些都会让日子变得充实，不再像原来那么无聊。而他的回答不出意料——领导不同意怎么办？朋友不高兴怎么办？考试考不过怎么办？

是啊，只要选择什么都不做，自然就不用面对这么多的怎么办。换句话来说，如果不是领导不懂自己、朋友太挑剔、考试太难，那我们本来可以过得更好。其实我们从小就懂得了用这种方式处理问题。比如，一个小孩走路时摔倒了，父母或者其他人就会说：“都怪这破路，让孩子摔了一跤。”这样就可以轻而易举地把责任推给道路，谁都不用为摔倒负责，这是我们能够想到最简单的处理问题的方式。

第二，内心恐惧。

恐惧的核心是失败。在很多人的内心都有一个理想化的自我，这个自我无所不能，可以轻易考到很高的分数，可以在工作上如鱼得水，可以扮演一个成功的丈夫，但理想终归是理想，生活中总是充满了各种各样的挫败和不如意，不能让内心里那个理想化的自我得以在现实中展现。

有一个最简单的维持心中理想化自我的方式，就是什么都不做，或者尽量少做。这样就会谜一般地在内心形成一种意象——我是好的，我是无所不能的，有些事情只是不做而已，并不是我做不好。既然选择了什么都不做，便尽可能地避免了所要承担的责任。

第三，自卑。

自卑的人有一个坚不可摧的自我评价——我是不好的。有自卑打底，有一点小事没有做好或是没有让别人满意，都会对他们造成致命的打击。

一个朋友曾经因为和朋友出去玩，自己推荐的餐厅没有让大家吃得开心而内疚了很久。他恨自己什么都做不好，连推荐的餐厅都没办法让大家满意。为了不再有这种内疚，在那之后，他选择只当一个追随者，不再轻易说出自己的想法。因为底色的自卑，所以不敢承担责任。

03

不敢承担责任的人，会失去什么?

在面对工作和生活的问题时，我们总是可以找到各种各样的方式来推卸责任。比如，怪自己生错了时代、怪原生家庭不够美满、怪领导太苛责、怪生活中的意外太多。

把所有的责任都归结于非我的因素，看似可以很轻松地获得解脱，把自己从失败、琐碎和烦乱中解脱出来，可以不承担、不改变、不作为。这么做好像可以轻易地解决所有问题，却是以生活变得无聊和死气沉沉为代价的。

我们都曾经有过无聊的瞬间和无聊的阶段，可以真正打破这种无聊的，就是重新回到生活中，尝试没有做过的事情，认识陌生的朋友，品尝从未吃过的食物，再开启一段新的旅程。每一次尝试都有可能失败，都有可能让自己受伤，但拒绝了失败的沮丧，也就同时拒绝了成功时的快乐与满足。生活是一个大礼包，里面未必都是让你满意的礼物，但你不打开，永远都不知道会不会有惊喜。

我曾经也在一段时间里陷入了无聊的状态，觉得生活变成了一条直线，每天在咨询、写作和读书之间来回切换，之后又因为疫情的关系，没办法见到更多的人，生活一度丧失了活力。于是，我选择在一个安静的午夜，认认真真地把这些年写过的日记、发过的朋友圈都翻看了一遍。

我看到了自己辞职时孤注一掷的勇气；看到自己学习冲咖啡，想到了冲出第一杯咖啡的惊喜；看到自己第一次走进咨询室，仍然记得那种不可名状的紧张；也看到自己真正拥有一个工作室时那种说不出的兴奋。

这些大大小小的挑战与尝试新事物的紧张和兴奋构成了过往还算丰富的回忆，也因为这些过往的存在让自己相信，未来依然会有更多的惊喜出现。于是，第二天，我戴着口罩，走出家门，买了一束花，认真地修剪并在花瓶里插好。那段低落无聊的时光至此结束，我慢慢找回了生活中的活力。

对于很多害怕失败、害怕承担责任的朋友，我有一个小小的建议，就是学会把你自己和你所做的事情分开。简单来说就是，一件事失败了，并不代表你自己不好，它只能代表你没有把这件事情做好。如果仅仅是某件事情没有做好，那只要重新努力，把事情做好就好了。但如果定义为“自己不好”，就相当于整个人被否定，被一棒子打死。这看似简单的区分，对于很多人来说，却有着天壤之别。

当一个人不再轻易否定自己，不再轻易对自己说“我不行”，他对失败的恐惧就会减少，不再畏惧承担责任。承担责任从来都不轻松，但努力去做会让你重新找到生命的活力，可以积极面对生活中的变化和挑战。

生活不再无聊，是从懂得为自己负责开始的。

被说滥的“做自己”还需要三个关键词

01

最近几年，“做自己”成为很多人，尤其是年轻人开口必谈的话题。很多人成了“做自己”的拥护者，从几年前的“世界那么大，我想去看看”，到现在的“按自己的意愿过一生”，大家开始探索如何做自己。也有人对“做自己”提出了批判，觉得我们不应该活得那么任性，不考虑家人、不考虑责任，只考虑自己想要怎样的生活。

其实，做自己是一个“系统工程”。它既需要方向的探索，知道自己是谁，想要的自己究竟是什么样，也需要学会处理关系，懂得在做自己的同时还负有父母、亲人的爱和要承担的责任。当然，它还需要自身的努力，没有哪一个“做自己”的彼岸是不努力便可以抵达的。而这些做自己的过程，可以用三个关键词来概括，分别是感受、勇气和耐心。

第一个关键词：感受。

一提到做自己，我相信很多人冒出来的第一个问题就是，我也想做自己，可是我连自己是谁、想做什么都搞不清楚，怎么做自己呢？

对此，我的建议是学会用心感受自己，跟着感觉走。因为感受是内心对外界最直接的反应，它不加修饰，不加隐藏，学会尊重自己的感受，选择做起来让自己愉悦的事情，便可以找到自己真正想做的事情。但这并不容易，因为太多人对于感受是陌生的。咨询中，为了帮助来访者建立自身与感受的联结，我经常会请他们描述一下自己的感受。

原本以为这是一个特别简单的问题，但实际上不是这样。很多来访者对于这个问题的回答是“老师，我不知道”，或者是“老师，我没想过这个问题”，还有来访者会反问我“老师，感受是什么”。

我们怎么会说不出来自己的感受呢？在思考这个问题的时候，我想到了两个词，一个是“别人”，一个是“防御”。先说“别人”这个词，我们暂且把除自己以外的所有人都称为别人。所以，这个“别人”，可以是父母、老师、公司的领导，也可以是看不见的某种社会舆论里的发声者。

电影《无问西东》里，有这样一个片段，吴岭澜是清华大学的一名学生，他的文科成绩很好，语文和英语都可以考满分，非常有天赋，而理科成绩很差，考试不及格，但他选择了学理科。

梅校长找到他问："为什么不学文科？"

吴岭澜说："我觉得只要可以学习，可以看书就好，而且大家不是都觉得实科（理科）才好吗？"

大家都觉得理科好，我就学理科，这是吴岭澜当时的思维。而吴岭澜口中的"大家"便是别人。他用别人的思考、一个似乎约定俗成的概念代替了自己的感受。放弃了解自己真实的意愿，遵循别人的定义，在这个过程中，他慢慢就失去了感受的能力。

回到电影中，听到吴岭澜的回答，梅校长说了这样一段话：人把自己置身于忙碌之中，有一种麻木的踏实，但丧失了真实，你的青春也不过就这些日子。什么是真实？就是你看到什么、听到什么、做什么、和谁在一起，有一种从心灵深处满溢出来的不懊悔，也不羞耻的平和与喜悦。

梅校长所说的真实，其实说的就是尊重自己的感受，让自己的感受和心联系在一起，尽量不被别人所干扰。

另一个词是“防御”。心理学上讲，我们的内心有很多防御机制，比如压抑、否认、合理化、隔离等。所谓防御机制，是指从意识层面消除不愉快这种情感成分的一种心理操作。也就是说，除了别人的干扰，我们自己也会发展出各种各样的机制来阻止不好的感受侵入我们的内心。

说一个我遇到过的咨询实例。我的这个来访者是一个喜欢浪漫的姑娘，她结婚以后，特别希望丈夫能够在一些重要的日子，比如生日或结婚纪念日的时候，送给她礼物和浪漫的祝福，但是丈夫就是理解不了，总觉得这样华而不实，她一次次地对丈夫感到失望。

在咨询的过程中，我问她：“在你过生日收不到丈夫的礼物时，你有什么感受吗？”

她这样告诉我：“我现在不太在乎这个了。他其实对我挺好的，我不能要求太多。”

这句话当然骗不了人，谁都听得出这个回答里充满了失望，但她用“老公其实对我挺好”作为防御。这也是常用的一种，用否认当作防御的机制。

防御机制原本是为了保护我们内心远离一些不好的感受，

但是过度的防御，便会让我们离自己的感受越来越远。当我们认识到自己是如何一步步丢掉感受的，才能试着将其找回，做到真听、真看、真感受。面对真实的自己，才能找到做自己的方向。

02

第二个关键词：勇气。

谈到做自己，几乎都离不开勇气。对于每一个能够做自己的人，我们都会由衷地感叹一声：好有勇气！在我看来，勇气包括了三个层次。

第一个层次：敢于试错的勇气。

很多人之所以不能够做自己，最主要的原因是害怕失败。想去创业，怕失败之后连原来的公司都回不去；想去古城开个民宿，怕经营不善，养活不了自己；不想接受父母安排的一份稳定的工作，又怕按照自己的意愿换来一个更坏的结果。诸如此类的例子，还有很多。

想起一个来访者，曾经因为想换工作而迟迟下不了决心，最后找到我咨询。她问我，如果下一份工作还不如现在怎么办？我告诉她再换就是了。下一份工作不是人生的终点，也不是世界末日。如果失败了，总结经验再次上路就是了，至少你试过了。最可怕的是你想了很多事却没有做任何一件，永远只停留在原地。

第二个层次：敢于承担后果的勇气。

每一次的选择和尝试，成功与失败的概率都是50%。在开始之前，想清楚自己是否可以承担失败之后的结果。如果答案是肯定的，毫不犹豫地去做就好；如果答案不够坚定，看看让自己犹豫的原因都是什么，整理一张清单，然后逐个击破。等到各方面的条件趋向成熟，而你能够承担那个失败的结果的时候，便可以放手去试了。

第三个层次：敢于和坏情绪和解的勇气。

我们试着回忆一下，之所以没有过自己想过的生活、做想要的选择，是不是出于恐惧？可能是害怕如果选择一条只属于自己的路，失去群体的安全感而面临孤独；害怕违背父母的意愿而要面临与父母冲突和斗争的焦虑；害怕一旦创业，便不再只是对自己负责，而是承担整个团队命运的压力。

类似的原因都会让我们感到恐惧。所以，在做自己的路上，学会与孤独、焦虑、恐惧、压力这些不好的情绪和解，懂得自我调节，敢于面对这些让自己不太舒服的情绪，是必备的技能。

当然，我们说的是与坏情绪和解，却不是消除坏情绪。坏情绪与开心、幸福一样，是我们都会产生的感受，不管你喜欢或者不喜欢，它都是有意义的。我们要做的是把这些我们不喜欢的情绪都控制在一个合理的范围内，不让它影响我们的工作和生活，甚至我们可以试着学会接纳这种不好的情绪，让它陪伴我们一起成长。

03

第三个关键词：耐心。

我们通过感受找到自己喜欢做的事情，通过勇气获得敢于做自己的能量，最后，我们要谈的是耐心。

我看到很多人做自己、寻找自我的路是这样的：想辞掉现在的工作，换一个自己喜欢的职业，回家和父母一说，父母觉得这是在瞎折腾，然后就放弃了；想靠写东西养活自己，好不容易下定决心坐在书桌前，两个小时憋出来100个字，然后觉得自己并不适合写作，还是老老实实回去上班吧，又放弃了。

我还记得曾经做过的一次咨询，来访者对我说：“老师，我很想创业，但是没有启动资金。”

我当时问他：“所以，你想怎么做呢？”

他说：“能怎么着？我还是算了吧，自己又不是富二代。”

在这些例子中，我们都可以看到一点——即时满足。所谓即时满足，简单来说就是，我想要什么就会有什么。其实这更像是婴儿的逻辑，我饿了，我要吃东西；我困了，我要去睡觉。成年人的世界不是这样的，你想要得到一个东西，你需要知道自己所在的位置，想要的目标又在哪里，然后需要付出怎样的努力，才能从 A 点到 B 点。

在这个从 A 点到 B 点的过程中，需要足够的耐心，同时也需要自律。提到自律，很多人想到的第一反应就是辛苦、困难和做不到，但自律是高级的，而且我们需要依靠自律来提高自身的能力并实现目标。

首先，自律可以帮助你高效地规划时间。自律不是把工作和学习塞进每一分钟里，而是让我们用最短的时间做完该做的事情，有更长的时间享受生活，做自己喜欢又不计时间成本的事情。

我从事自由职业已经很多年，每天都会固定地抽出 3 个小时，在这个时间里写文章或是写咨询记录。在这个固定的3小时之外，我有充足的时间去做自己喜欢的事情，状态也是非常轻松和坦然的。

其次，因自律而产生的可控感会增强对自己的信心。自律是一件只要努力就可以看见回报的事情。你坚持学习、坚持锻炼，这些随之而来的改变都是肉眼可见的，愉悦感远比打一局游戏或者和朋友逛一下午街要强得多。因为你会从心底里觉得：嘿，我还不错呢！这种感觉会帮助你树立更多的信心、做更棒的事情。所以，其实快乐有两种，一种是即时的快乐，一种是长久的快乐，我们要尽可能寻找一种长久的快乐，自律就是能够给我们带来长久快乐的一种能力。

另外一个重要的品质是耐心沟通。我们在做自己的路上，不可避免地会因为“特立独行”而被身边的人所不理解，这个时候需要的就是耐心。做自己从来都不是为所欲为和不管不顾，也需要懂得如何在关系中做自己，如果因为自己而伤害了身边的人，其实是得不偿失的。如果你想获得亲近的人的支持，耐心的沟通就是必不可少的。

我的一个来访者，他想要自己创业，但父母坚决反对，他没有放弃，而是耐心地和父母沟通。同时，他花了一年的时间搜集有关自己创业项目的数据，和行业内的人请教，不停寻找投资人，最后做出了一份成熟的创业计划书。这时，他再次和父母沟通，父母看到了他做这件事情的决心，也看到了他为此所做的努力，也没有了反对的理由。

对于你真正想要做的事情，想要成为的自己，父母或是身边的人从来都不是真正的阻力，他们只是需要一点时间理解，并且想要看到你为实现目标所付出的努力。这便是我所理解的做自己的过程，用感受找寻方向，用勇气获得能力，用耐心积攒能力并获得重要的人的支持。

做自己从来不是一件容易的事情，能够按自己的意愿过一生，是人生最大的礼物。但做自己又远没有想象的那么遥不可及，按照我提出的三个关键词，每个人都有机会做自己并成就自己。

愿每一个人都能够成为最好的自己！

一个人的钝感力，就是他的幸福力

01

做咨询师越久，越心疼那些敏感的人。我以前总觉得敏感对一个人来说是好事，他可以被很多人夸赞聪明、反应快、有前途，但在咨询室里，我见过太多被敏感折磨的人。我开始忍不住想，如果他们可以不那么敏感，对别人的情绪没有那么大的反应，可能会活得更潇洒、更幸福一些。

我的感悟恰巧与渡边淳一写的《钝感力》一书中的许多观点不谋而合。渡边淳一认为相比敏感的人，一个拥有钝感力的人更有可能拥有幸福。什么是钝感力呢？钝感力可以理解为迟钝的力量，它可以让我们面对生活中的伤痛时更加从容不迫，坚定地朝着既定的方向前行。渡边淳一说：“钝感力作为一种为人处世的态度及人生智慧，相比激进、张扬和刚硬而言，更容易在目前竞争激烈、节奏飞快、错综复杂的现代社会中生存，也更容易取得成功，并同时求得自身内心的平衡，与他人和社会和谐相处。”

拥有钝感力的人，情绪往往比较稳定。无论在生活中还是职场中，情绪稳定都对一个人的幸福感有很大的帮助，那些拥有钝感力的人，更少冲动、更少发脾气，甚至对别人的坏脾气都多了几分包容。所以，他们看起来总是一副乐观向上的样子。

《钝感力》中讲到了一个例子。作者在当医生时，指导他的是一名主任教授，教授医术高明，只是脾气很差，在手术中会喋喋不休地指责协助他的医生，比如“快点儿，手脚太慢”“拿牢靠些”“你眼睛往哪看呢”这类的话。一起做手术的医生都明白教授并非出于恶意或者要惩戒谁，爱指责只是他的一个毛病而已。话虽这么说，可是轮到自己被指责的时候，难免有些沮丧和畏缩，碰到脸皮儿薄的或个性敏感一些的医生，有时还会难过得大哭一场。

他们中间有一位 S 医生，作为教授的第一助手，他挨骂最多，但他似乎从来都不在意被骂这件事。每当 S 医生被教授斥责，他的回答都很独特，必定是“是、是”，把“是”

轻轻地重复两遍。不管教授说什么，S 医生的回答一成不变，似乎教授的责骂不会让他的情绪发生任何波澜。更有趣的是，时间久了，教授“嘟嘟囔囔”的责骂和 S 医生的“唯唯诺诺”之间形成了一唱一和的美妙节奏，就像捣年糕的人和捣年糕的石臼一样，配合非常默契。尽管那样被斥责，一旦手术结束，S 医生都能迅速把手术中发生的不愉快抛在脑后，舒舒服服地泡个澡，然后喝着啤酒跟同事们谈笑风生。

与 S 先生的钝感不同，有些敏感的同事，很难承受教授的责骂，尤其是那些出身好、在夸赞中长大、很少被批评的人。对他们来说，每次被教授责骂就像世界末日，变得失魂落魄，一脸阴沉，找个小酒馆，然后一个人喝闷酒。还有人在醉酒之后做过把沉重的公交站牌移走这样荒唐的事情。

S 先生的云淡风轻和其他同事的郁郁寡欢形成鲜明的对比，S 先生看似钝感，但情绪稳定，被骂也能很快消化，比大家过得都快活。

02

拥有钝感力的人，都拥有很好的睡眠。最近几年，关于睡眠的调查显示，年轻人的睡眠质量普遍不高，睡前玩手机成为常态。近六成的年轻人睡在“烦躁区”和“苦涩区”，还有一成左右的年轻人睡在“不眠区”。对于生活在大城市的人来说，每天都要面对很多压力，能好好地睡个觉，恐怕是最大的幸福了。

拥有钝感力的人，似乎天生就拥有好的睡眠。当个性敏感的人还在思索有没有说错什么话、做错什么事情、哪项工作还没做完、明天还有什么待办事项的时候，拥有钝感力的人早已经呼呼大睡。

渡边淳一自己就是个睡眠质量极好的人，他把一个人的睡眠能力分为“入睡”和“起床”两个维度，睡眠好的人，往往是入睡极快、起床又能马上清醒的人。他自己就拥有这样“随睡随醒”的能力。比如他去各地演讲，在坐车去机场的路上开始睡，上飞机之后继续睡，下了飞机，从飞机场到演讲地点的车上，他依然在睡，等演讲一开始，便立马神采奕奕地开始演讲。

渡边先生曾经感慨自己能够取得今天的成就，与好的睡眠能力息息相关。各行各业里的成功人士，很多人也都有非常好的睡眠能力。渡边先生算过一笔账，一个倒头就睡、起床就可以投入工作的人和一个上床以后挣扎两个小时仍然不能入睡，或是起床后要发呆两个小时、不能马上进入工作状态的人相比，一天就差出了 4 个小时，以一年来算，就是 1440 个小时。工作和学习上的差距，在这 1440 小时里早已悄悄拉开。

这大概也是睡眠质量好的人更容易取得成功的原因。

03

拥有钝感力的人，往往都拥有比较好的关系。这里的关系既指普通的人际关系，也指亲密的伴侣关系。我们身边可能或多或少都有几个特别敏感的人，和他们打交道其实是一件有点累的事情，怕自己无意中的一个眼神或玩笑就被对方解读出千万种含义，想要解释都无从开口，只能小心翼翼地相处。反之，那些拥有钝感力的人，他们不纠结，不斤斤计较，交往起来让双方都能感到轻松，关系也更容易长久。

友情如此，爱情更是。前段时间，朋友讲过一个让人哭笑不得的故事。朋友生性敏感，但她的老公是一个神经大条、反应慢半拍的人，像是天生就有钝感力似的。有一段时间，她觉得老公对她不再关心了，晚上一回家就钻进书房，每次催促他睡觉，换来的都是“你先睡”，两个人连多年的晚安吻也没有了。

朋友觉得一定是两个人的感情出了问题，她咨询了情感顾问，报了瑜伽课，每天都弄些新菜式给老公吃，想在两个人的感情里注入一些新鲜的活力。没想到她的老公根本不领情，不管她做什么菜，老公都是匆匆吃上几口就钻进书房了。在那段时间里，朋友为此失眠、流泪，直到某一天，她的老公像个孩子一样对她说：“老婆，我终于做到了！”

原来，朋友的老公最近和人打了个赌，要靠写文章赚一笔稿费，每天回到家就开始写，直到投稿成功的这一天。知晓缘由的那一刻，朋友悬着的心思落地，却也为自己白白多出的猜忌觉得不值。她前段时间的种种崩溃，老公竟真的不曾察觉。朋友后来跟我说，看着老公因为写东西而暂时忘记一切，做到后又那么开心，她第一次羡慕起这种有点迟钝和大条的个性，这样的人真的太容易开心了。

我们总觉得敏感比迟钝好，毕竟敏感的人容易接受更多的信息，也能快速做出反应。但是在很多时候，钝感力可以保护一个人不被外界过多地影响，只专注于自己的事情。因为不敏感，所以对人和事都多了几分宽容，这样的迟钝其实更容易让人感到踏实和幸福。

如果生活已然疲惫，日日都处在心思过载的状态，能拥有一些钝感力，真的挺好。

第二章

自我角力的内耗

带刺的自卑

01

尧在咨询室中对我说："原来以为自卑只是自己的事，现在才明白，因为自卑，其实也无意间伤了很多人。"

上大学的时候，尧因为家境不好，要靠助学贷款和打工赚钱来完成学业。有一次考完试之后，尧和室友聚餐，本来说好 AA 制，结果尧的一个室友主动提出，尧的那份可以算在他的头上。

尧在那一瞬间愤怒了，冲对方喊道："你显摆什么？不就是有几个钱吗？那也是你爹妈挣的，跟你没关系。我有钱，用不着你特殊照顾。"他故意把"特殊照顾"这几个字拉得很长。

室友本没有炫耀的意思，只是想帮尧一下，没有多想。看到尧的反应，他有些委屈，说了一句"我不过是想帮你"，然后就独自离开了。在那之后的很长一段时间里，两个人的关系都很冷淡，那件事成了他们心里难以跨过的坎儿。

尧说自己很后悔，知道对方是好心，但那个时候他的家境不好，很怕别人看出来。当室友提出要帮他付饭钱的时候，内心早已经让自卑和羞耻占领，根本无法顾及对方的好意。

类似的事情还有一次，是在尧工作之后。他的工作很好，收入也不错，“穷”也不再时刻戳痛他，但是在一群毕业于名牌大学的同事面前，尧又感到抬不起头来。尧很害怕这些名校毕业的同事聊起那些自己没有听过的讲座或在国外的那些见闻和经历。每次碰到的时候，他总是恨不得自己在那个场合里缩到很小，最好消失。

尧当时已经当上了经理，手下有一个来自一流院校的小伙子，人很聪明，也很能干。“但是，我太害怕他觉得我水平不行，觉得我上的大学不如他。所以，我对他很苛刻，无论是什么工作，即使他做得再好，我也会从中挑出毛病来。后来，这个小伙子干了半年，觉得很憋屈，就辞职了。因为我自己的问题，伤害了这个初入社会的小伙子，现在想起来，真的是很后悔。”

对于尧来说，这样的事情还有很多。在他更加成熟之后，对自己的了解也更深，对曾经伤害过的人开始感到抱歉。尧说：“我骨子里是自卑的，因为自卑，所以才像一只随时都在防御别人的刺猬，时刻处于备战状态。每当自卑感来袭，我的情商几乎为零。”

02

自卑是觉得自己不好，同时害怕别人看出来自己的不好，感觉像是柔弱的、不具有攻击力的，这种想法是不完全准确的。自卑也是带刺的，就像个体心理学的创始人阿弗雷德·阿德勒所说：“自卑感的表现方式有千万种，不是说有强烈自卑感的人一定是个显得柔顺、安静、拘束而与世无争的人。”

阿德勒曾在《自卑与超越》中举过这样一个例子，有三个孩子第一次被带到动物园，当他们站在狮子笼前时，第一个孩子躲在母亲的背后，全身发抖地说“我要回家”；第二个孩子站在原地，脸色苍白，用颤抖的声音说“我一点都不怕”；第三个孩子目不转睛地盯着狮子，并且问他的妈妈“我能不能向它吐口水”。

其实，这三个孩子在此刻都是害怕的，他们感觉到了自己的劣势，并且选择了不同的方式来掩盖和抵御这种劣势，只不过有的方式显得温和，有的显得激烈。而这种激烈会伤害自己，也会伤害别人。

03

这几年，“情商”成了一个特别火的词。普通人希望通过提高情商获得良好的社交关系，领导者希望通过提高情商来更好地管理团队。所以我们学习如何好好说话、如何读懂别人的言外之意，可是你有没有感觉自己的情商好像没有并得到提高，这可能就是因为你心底的自卑。

耶鲁大学第23任校长彼得·萨洛维曾经与约翰·梅耶一起提出了情商模型，指出情商包含了四种能力：判断他人的情绪、利用情绪推动思维、理解情绪产生的原因、将情绪融入决策之中并做出生活中的最佳选择。其中第一环便是判断他人情绪的能力，可是当一个人被自卑所笼罩，处在被刺激的情境之中，保全自己的自尊还来不及，又谈何判断并理解他人的情绪呢？

人只有处理好了自己的情绪，才有能力照顾他人、体恤他人。我们对朋友如此，领导对员工如此，父母对孩子也如此。所以，提高情商的第一步，不是学习如何好好说话，也不是学习察言观色，读懂别人的言外之意，甚至是微表情，而是从消除自卑感开始。当你的内心不再兵荒马乱，不再被轻易地刺痛和点燃，你才可以平视自己和他人，找到让自己和别人都舒服的相处方式。

让彼此舒服，是情商最好的体现。

内心住着一个哭泣的小孩，应该怎么照顾他

01

一个读者给我留言，他说自己是一个男生，从小头发就很少，无论去到哪里都会被人嘲笑，觉得自己一直在面临一场灾难。他的父母一直拼命地赚钱供他读书，但是并不能理解他的痛苦和恐惧。从来没有人保护他、安慰他，也没有人告诉过他如何面对这个世界。他感觉不到自己存在的价值，也不觉得自己是值得被爱的。

他一直被痛苦缠绕着，只能用掩饰和伪装的方式保护自己。大学毕业后，他进入社会，经常能感受到内心有一个小孩在哭泣，很难受，可他不知道怎么安慰自己心里的那个小孩。他说自己也知道没有头发并不是什么大事，如果能得到适当的爱和保护，他也可以像其他人一样健康地成长。他看

过很多书，希望可以解决自己的心理问题，觉得如果能让自己内心里的小孩感到幸福，自己也会脱胎换骨，但是不知道怎么办。

看完这段留言，我非常心疼他心里那个一直哭泣的小孩。尽管他早已懂得没有头发不算一件大事，但是在孩子的世界里，没有头发就意味着自己和别人不一样，意味着会被别人嘲笑。在孩子的世界里，这一定是一件天大的事情，如果没人加以正确的引导和抚慰，那他在童年时期里感受到的恐惧、沮丧、无助、自卑都会和他一起长大。虽然长大后的他见过很多人把自己的头发剃光，他也意识到没有头发不是一件那么严重的事情，但对于他来说，童年没有头发这件事的恐惧并不会因此而改变，因为感受是有记忆的。

如果一个人的内在小孩没有被抚慰过，自己的痛苦没有从心里完全释然，那些感受就会一直存在，和这个人一起长大，使其变得自卑、孤独，不敢面对其他人。因为在他的内心世界，所有人都有可能嘲笑、贬低、伤害、远离自己，他会用伪装和掩饰的方式来保护自己。

02

很多人的童年，都带有伤痕。很多文章都愿意讲述童年的美好，而事实上，太多人的童年都有着自己的痛苦。这并不是说所有的原生家庭都不好，而是我们原本就活在一个真实的世界里，难免会发生一些有意或无意的伤害性事件。

我的另外一个来访者给我讲过她的故事。她的样貌在人群中不算出众也绝对算不上丑，但是对于她来说，不幸的是她有一个从小漂亮到大，每个人见了都会夸一句“太漂亮了”的姐姐。她的姐姐只比她大一岁，她从小和姐姐一起上学、一起玩，每一次出门，姐姐都会受到大人们的赞美，而她只能躲在一旁，像一只被冷落的丑小鸭。时间长了，姐姐无论什么时候都把腰背挺得直直的，做什么都透露着自信，而她在不经意间学会了往后退缩。妈妈买了好看的裙子，她会习惯性地让姐姐先挑；讨论问题，和姐姐意见不一致的时候，她习惯性地听从姐姐的意见。以至于长大以后，喜欢她的男生追求她，她都开始怀疑：我不够好看，躲在人群里都很难被发现，他为什么会喜欢我呢？长期活在漂亮姐姐的阴影下，“我不配，姐姐才配”印在了她脑海里，成为她的认知。

类似的伤害，其实有很多。小时候的你很努力地想要得到父母的夸奖，可偏偏父母怕你“翘尾巴”，永远揪着你的缺点说，对你的优点却视而不见；你很想和其他的小女孩一样，有很多漂亮的洋娃娃，可家里条件不允许，你只能做那个懂事的乖孩子，告诉父母你不喜欢洋娃娃；被同学欺负了，回到家想让爸爸妈妈抱一抱自己，可一进门发现父母正吵得不可开交，根本没有人注意你身上的伤痕。

03

这样的故事还有很多，对于在童年时期受过伤的人来说，内心的那个小孩没有被照顾好，该怎么办呢？

我总结了九个字——看见他，安慰他，陪伴他。首先，看见他。在独处的时候，好好感受一下内心的那个小孩，他多大了、在干什么、和谁在一起。我曾经问过很多来访者这个问题，只是希望他们可以更清晰地看到那个孩子。

有的来访者告诉我，他的年龄是 5 岁，父母在家吵成一团，他在一个角落静静地看着，恐惧又无助；有的来访者告诉我，他 6 岁，在家门口，呆呆地站着，很孤独；也有的来访者告诉我，他4岁，看着爸爸和妈妈照顾更小的弟弟，而他正饿着肚子。不管那个孩子多大年纪、在干什么、多么的无助和可怜，你首先都需要先看清楚他。

其次，安慰他。想象一下，如果那个小孩是你自己的孩子，你会怎么对待他。会不会告诉他，父母吵架是他们自己的问题，不是你的错；会不会抱紧他，对他说“我知道你孤独，我陪你一起玩，好不好”这样的话；会不会把他拉到厨房，把刚做好的热腾腾的饭菜端给他。这些行为，其实都是对童年缺失的补偿，是内心那个小孩的需求，这种看似幼稚的行为，其实非常有必要。

最后，陪伴他。陪伴意味着不离不弃，也意味着包容。当你看到自己内在小孩的时候，你会发现，他也会犯错，他在面对别人的时候会脆弱敏感，有时候懒惰，有时候倦怠，有时候定了目标，却怎么也达不到。这个时候，陪着他就好。不指责，更不强求。慢下来，等待他慢慢地获取力量，自我整合。

每一个孩子的成长都需要时间，你也不例外。有时候想想，长大真的是一件很棒的事情，小时候，无论从体力还是经济上，你都没有办法照顾自己。而现在的你长大了，可以独立地生活，也可以用自己喜欢的方式照顾自己。那些曾经的遗憾可以慢慢释然，伤痛也可以慢慢地得到治愈，你仍然会成为一个自信、内心充满爱的人。

上瘾地讨好

01

生活中，我们应该都遇到过这样一些“热心人”，见你没有吃早餐，恨不得把手里的早餐硬塞给你，宁愿自己饿肚子；看你被空调吹得打喷嚏，她取下身上的披肩给你，尽管她穿得也不比你多；你失恋，她恨不得 24 小时陪着你，陪你聊天陪你哭，丢下老公、孩子不管也无所谓。

他们的身上似乎长满了雷达，在你有需要的时候，甚至可以比你自己更早地感知到，并且施以援手。他们给你的关注和爱甚至比母爱更甚，似乎你过得不好，都是他们的责任，他们有义务满足你所有的渴求，让你开心、让你满意。有人给他们取了一个专门的名字——“妈癌”患者。

所谓“妈癌”，是指喜欢替人操心、替人着想，朋友遇到问题比朋友还紧张，对待朋友跟对待自己孩子一样。“妈癌”的典型症状如下。

症状一：操心。

这种操心主要指过分关心对方的生活和感情。比如，闺密跟她说最近过得不开心，她恨不得一天一个笑话逗对方乐，给她买礼物，带她去游乐场，比男朋友更尽责。

症状二：亲力亲为。

把对方当成儿女，成为朋友的“爸妈”。在对方上课或上班之前准备好早餐，午餐给对方打包盒饭并且带上一杯果汁，下课或下班之后去接对方，睡觉前为对方盖好被子。

症状三：对方不领情。

过度的干涉和代劳会带来一种结果，就是如果你有一件事没有做好，对方会把所有的怒火都发泄在你身上，甚至会说你没本事还要多管闲事。无论你之前做得多好，对方都没当成一回事，给出一种“友尽”的态度。

严格地说，“妈癌”不算病，只是一种忍不住想对别人好，特别擅长感知别人需求并予以满足的行为倾向。

你是“妈癌”患者吗？以上三条症状，你中了哪条？

02

“妈癌”的人表现出来的优点和缺点都极为明显。优点就是人好。每一个讨好型的人都恨不得把身边的人宠成宝宝，关心对方吃没吃饱、冻没冻着。有这样的一个朋友，你会感到自己是被温暖和爱围绕的。而缺点也一样，就是人太好。他会给你温暖和爱，陪你哭或笑，看到好玩的东西买给你，吃到好吃的留给你，但他也会对你有所要求，这种要求甚至有些控制的味道。

你跟“渣男”交往，被伤了，找她哭，她陪着你，但是，如果你还不争气地跟对方继续交往，她可能一直唠叨到你分手为止。除了远离“渣男”这种事，对于你买水果到底应该买国产还是进口的这类生活小事，“妈癌”的人也会动之以情、晓之以理地说到你听从为止。

之前有一个来访者跟我说起，她身边的“妈癌”同事，就她应该在实体店还是购物网站买衣服这个问题，孜孜不倦地说了一个月，并且每次见到她收快递，都是一副“恨铁不成钢”的表情，搞得来访者为了避免被唠叨，现在把快递的收货地址通通改成了家。所以，对于“妈癌”患者，我们真是又爱又恨。

“妈癌”的本质是讨好型人格，或者说是升级版的讨好型人格，他们把讨好这件事做到了强迫的地步。只要看着身边人的需求被满足，他们甚至比对方都开心，只是这份开心，早已分不清是出于真心还是出于习惯。

这样程度的讨好必然与原生家庭脱不开关系，每一个讨好者的背后，大概都有一个会“有条件”夸他们的父母，这种条件可能是听话或懂事，也可能是考试成绩达到了父母的期待。为什么有条件的夸奖会造成强迫性的讨好别人，甚至像上了瘾一般不停地做满足对方需求的事情呢？

美国心理学家斯金纳做过一个有关行为成瘾的实验，实验的对象是两只鸽子。两只鸽子分别放在两个专门的箱子里，箱子里装有控制杆，鸽子每次按压控制杆，就会有食物掉入食槽。一号鸽子一直保持这样的频率，每按压一次控制杆，就会得到食物，而二号鸽子在前几分钟保持着与一号鸽子同样的频率。随后，实验人员更改了实验设置，把食物的给予变成了随机事件，也就是说，二号鸽子可能按压五六次才可以获得食物，也可能在第十次和第十一次连续获得食物。

实验到后来，研究人员撤销了食物的奖赏。结果，一号鸽子按了一会儿控制杆，发现没有食物再出来，就从控制杆旁边走开了。而二号鸽子依旧一次又一次地按压控制杆，直到累了才停下。二号鸽子之所以坚持一种于己不利的习惯，是因为它对食物可能下一次就会出现的希望或者机会上瘾了。

这个实验几乎解释了所有的成瘾行为，无论是网瘾、毒瘾、还是讨好成瘾，本质上都是因为有可能赢，所以不停地玩下去。从这一点上来说，那些从来没有得到过父母夸奖或者一直被父母夸奖的孩子，都很难对讨好上瘾，恰恰是那些“有条件”被父母夸赞，又不那么容易被父母夸赞的孩子，最容易对讨好这件事欲罢不能，以至于成为“妈癌”患者。

当一个人竭尽全力去讨好别人、满足别人的需求时，像极了斯金纳实验中的二号鸽子。他们为了获得可能的夸奖和赞美，宁愿牺牲自己的内心需求，不停地去感知对方的喜好。所以，每一份讨好背后，其实隐藏的都是讨好者的期待。

他之所以不停地对你好，是希望你会夸他“你真是个好人”；他之所以不停地在你面前唠叨，是希望你告诉他“原来你说的才是对的”；他用十倍、百倍的讨好换你一句赞许和认可，就像小时候渴望父母的称赞一样。

每一个人都渴望别人的认可，被人夸奖都会觉得很开心，但是对一般人来说，夸奖是生活额外赠予的礼物，有的话当然好，没有也活得下去。而对于讨好者来说，赞许、夸奖、肯定都是他们赖以生存的空气，失去了就活不下去。哪怕已然成瘾，他们也会忍不住地讨好、满足别人。

03

讨好者，还有救吗？

想让讨好者停止对别人的讨好，就像让赌徒离开赌桌一样，并不容易。但是讨好者至少可以从此刻开始，把感知需求的神经由外界转向内心，告诉自己：在感知别人需求的方面，我是专家，但在满足自我需求时，我却笨拙得像个小学生，需要从头学起。

首先，要相信的是，你不会让所有人满意。无论你如何取悦别人，总会有人对你不满意，哪怕你把自己弄得完全失去自我，变成一个老好人，依然会有人不喜欢你，可能仅仅只是因为你太好以至于让别人觉得没有个性。

“她不过是个好脾气、热心肠的年轻女人；我们很难讨厌她，因为我们根本就没把她放在眼里。”简·奥斯汀曾经在作品中描述过这种“好”。请记住，你早已不是那个需要靠父母夸奖才能获得自信的孩子，长大后的世界，你可以选择做那些让自己觉得开心而不是让别人满意的事情。

其次，尊重自己的感受。

感受不会骗人，当你学会尊重自己的感受，至少懂得不在自己觉得委屈的时候还强迫自己去顺应别人；至少不会在自己觉得冷的时候，连说一句“可不可以把空调关小一点”都战战兢兢，觉得自己给全世界带来了麻烦。

如果完全尊重自己的感受对现在的你而言是一件很难的事情，那就至少每天花一点时间做一件让自己开心的事，它可以小到买喜欢口味的冰激凌，花 20 分钟进行冥想，也可以约知心的朋友一起用餐或者送自己一次旅行，犒劳一下自己平时的辛苦。

最后，学会表达需求。

在你以往的世界里，别人的需求几乎等同于你的需求，一旦有冲突出现，你便会把自己的需求排在后面。当你决定戒掉“讨好病”，不再做一个讨好者的时候，要开始学习表达自己的需求。别人不见得一定会忽略你的需求，只是你一直都没有表达而已。从喜欢吃什么样的食物、穿什么款式的衣服开始，一点一点地向别人表达自己的需求。在这个过程中，你会越来越像自己，也会越来越自在。然后你会发现，原来这么多年，你都在做一个别人定义下的自己。真实的自己，原来那么不同，那么有趣。

最后提醒大家一句，讨好是一种瘾，越早戒掉越好！

如果你听了很多道理，依然没有学会拒绝

01

拒绝是一种能力。有的人轻轻松松就拥有这项能力，并且使用频繁；有的人学习了很久，努力了很久，依然没有学会。你大概已经听过很多这样的道理，比如要想维护人际关系的界限，要学会拒绝；要想维持自己的生活节奏，要学会拒绝；只有学会拒绝，才知道自己真正想要的是什么。

道理你都懂，但拒绝对你来说仍然困难。好像每一次拒绝都要与巨大的恐惧、自责、不安进行斗争。想着拒绝这么艰难，简简单单地说“好的”反而更容易，也更轻松一些，不如干脆放弃说“不”的权利好了。

其实，对于很多人来说，“不”字绝不仅仅是唇齿间的一个音节。我们在两岁左右的时候，几乎每个人都可以毫不犹豫地

说出“不”字。妈妈让你吃饭，你说“不”；邻居的小男孩要抢走你的玩具，你说“不”。那个时候，说“不”单纯只是意愿的表达，喜欢的说“好”，不喜欢的说“不”，仅此而已。随着年龄的增长，说“不”对于你来说意味着太多的事情，表达意愿的背后会有许多担心、恐惧和不确定。为什么拒绝会变得那么难呢？

第一，说“不”意味着关系的破裂。

很多人之所以很难说“不”，是因为害怕一个“不”字背后所面临的关系的破裂以及不可预知的冲突和争吵。比如，你的工作正在赶进度，同事对你说：“可以帮我梳理一下发言稿吗？”你明明很忙，甚至对于他发言的内容都不是很熟，但依然很难说“不”，因为害怕一旦“不”字说出口，会遭遇同事的冷言冷语。

“装什么呀？全公司就你最忙，帮我梳理一下发言稿，能用你多长时间？”

“前两天领导批评你的时候，我还在领导面前帮你说了好话，这么快就忘了？”

……

这些话在你说“不”之前就已经出现在脑海里，你甚至会想象自己因为没有帮同事这个忙，他会把这件事传出去，自己从此变成一个无法与同事友好相处的人，其他人都会疏远自己。总之，在你的心里，说“不”总是意味着不可挽回的灾难。既然结果如此严重，无论再忙，无论再不情愿，你还是会强忍着答应下来，这样至少可以避免那些糟糕的结果。

第二，说“不”意味着无能。

有一些人无法说“不”是因为说“不”意味着告诉别人“我不行”，这当然是万万不能的。

朋友曾经给我讲过一个自己的故事，上大学的时候，同学找他翻译一篇医学类的文章。那个时候，他被同学奉为“学神”，但是还远远没有达到可以翻译好一篇专业文章的程度，何况又是自己完全不了解的医学领域。他感觉自己做不好这件事，但还是硬着头皮揽了下来，结果自己翻译的文章根本拿不出手，最后花钱找了翻译公司重新做，也没有告诉同学真实的情况。他保住了“学神”的称号，但他为了面子付出的是实实在在的金钱和时间，以及怕被别人戳穿的烦恼。

真正的强者，不是事事皆知和万事皆能的，他们懂得自己的局限，可以坦然地拒绝。

第三，说“不”意味着不友好。

对于和善和友好，我们常常怀有某种执念，除了某种心理因素，还与中国人根深蒂固的与人为善的观念有关。所谓与人为善，就是要事事亲和、样样妥帖，而拒绝所传递出的意味是不友好的，所以我们觉得这是绝对不可以的。

美国著名心理学家苏珊·纽曼在《拒绝之书》中写道：“小时候，如果你拒绝把自己的玩具分享给一个蹒跚学步的孩子，你就会被送回自己的房间思过，或者父母会把这个玩具直接拿走，不让你再玩。拒绝父母的管制或指导，我们就会失去很多权利，这些早年的经历都会转化成人们对于说‘不’这个词的具象恐惧。”

从小就被告诉要与人为善的我们，对于说“不”，无形中会有一种抵触，那会让你觉得自己对别人不够友好。如果你拒绝了别人，甚至还会感到内疚和羞愧，可这件事情本身就和你没有关系。

02

我们该如何才能学会说“不”呢？在你学习说“不”的

过程中，以下几个建议会对你有所帮助。

第一，改变观念。

很多不会拒绝的人，内心都有执念，比如想让所有人都喜欢自己，或是认为自己能做好所有的事情。他们有这样的执念，就会将自己置于别人的评价体系中，根本不会考虑自己的需求，也不会按照自己的意愿生活，只会把注意力都放在别人的身上，以获取一个“你真的很好”的评价。这种只是他们眼中理想的情况，真实的情况是，无论他们如何努力，总会有人会不喜欢的，不管怎么做都会有人觉得不好。所以，放下自己的执念，不再期待每个人都喜欢你或认可你，表示拒绝的“不”字，就不会那么难以出口了。

第二，为自己设立底线。

对于刚刚开始学习拒绝的人来说，这个过程就像小孩子开始学习走路一样艰难。在这个阶段，你未必可以对所有的人和事说“不”，但至少可以开始为自己设立底线。如果你曾经是办公室里的万金油，任何人有事都会直接找你帮忙，那你现在可以试着为自己设立这样的底线——今天上午一定要把报表做完，别人的需求一律靠后。

有了这样的一条底线之后，哪怕有人找你帮忙，你也可以直接告诉对方，自己上午很忙，如果需要的话，下午的时候可以帮忙。这并不能产生最好的效果，但因为你给自己设立了底线，你有支撑可以说出委婉拒绝的话，而且当你说出这句话的时候，你就已经开始懂得拒绝了。

第三，学会直接拒绝。

你一定有过这样的经历，朋友约你周末参加聚会，你明明这周工作很累，只想在家里好好休息，但碍于朋友的热情，觉得拒绝朋友会伤了对方的面子，所以模糊地给出“到时候再说”或“过两天再回你”的答复。结果就是，在那之后的几天里，你都在找一个合适的理由，想把这次聚会推掉。与其如此，不如一开始就干脆爽利地说出“我这周太累了，就不去聚会了”这样的话。其实，真正伤害关系的不是你不参加聚会，反而是你吞吞吐吐、模棱两可的态度。

第四，学会信任他人。

害怕拒绝别人的人多少都有些“救世主”的心态，认为拒绝别人之后，别人会难过，觉得无所适从。实际上，每个人在提出要求的时候，就已经同时做好了答应和拒绝两种心理预期。无论你作何回答，都满足了对方 50% 的心理预期。

另外，希望你帮忙翻译文件的人，在被你拒绝后，还会找到其他合适的人帮他翻译；希望你帮忙做 PPT 的人，如果实在找不到人，他自己硬着头皮也会做完。所以，你不用为别人的期待过度负责。

最后，祝你勇敢地说“不”，可以按照自己的意愿生活。

取悦，是一场高成本的内耗

01

“老师，你觉得我这么做，男朋友会开心吗？”咨询室里，琪的手里捧着两张刚买的电影票问我。琪说：“昨天晚饭做得不好吃，他的话特别少，晚上想和他一起看电影，补偿一下。”

琪是我的来访者，25 岁上下的姑娘，在人群中不太会被人注意，但只要走近她，就一定可以察觉她的贴心和周到，处处为你着想，仿佛对你好是她最大的使命。

记不清这是她第几次问我：“我这样做，他（她）会高兴吗？”这个他（她），可能是男朋友，可能是母亲，可能是公司的同事，也可能是一起长大的发小或初识的朋友。总之，可以是任何人。她曾经给旅游的朋友订好酒店并全程陪玩了整整一周，不惜耽误工作；她曾经将一日三餐的花费压缩到

10 块钱以内，只为了省钱给男朋友买喜欢的手机；她也曾经因为同事一句“你这条项链真好看”，便偷偷买了同样的一条送给对方。

这个姑娘就像哆啦 A 梦一样，可以满足所有人的需求。我当时看着眼前这个战战兢兢、等待我替她男朋友回答是否满意的姑娘，问她：“这样做，你开心吗？”她有些惊讶，大概在她的生命里，很少有人问过她是否开心，包括她自己。

琪说自己似乎从小就有“特异功能”，特别能察觉别人的情绪和需求，也习惯性地满足别人。她会因此听到别人的夸奖，也有人会觉得她不真诚。小时候，她亲耳听到邻居阿姨和别人聊天时说“那个姑娘啊，太八面玲珑”，那个时候的琪很伤心，“八面玲珑”四个字刺痛了她。可是长大之后，她也没有办法让自己停下来，对别人好已经成了她的习惯。

琪这样的人，生活中还有很多。我曾经听过一个青年作者说自己在写作的路上被最好的朋友说她的文章一文不值，她吓得好几个月不敢在自己的公众号上更新文章，生怕被批评。后来她才知道，最好的朋友其实并没有看过她的文章，对她的批评不过是出于对她的惯有印象。

我也曾经听一个来访者告诉我，她一直都觉得男朋友喜欢长发飘飘的姑娘，尽管早就动了剪短发的心思，却因为自己假想出来的男朋友的喜好，留了很久的长发。直到某天，她终于狠心剪掉了长发，男朋友却说这样的她更漂亮。

这些人都有一个共同的名字，就是“取悦者”。他们习惯性地让别人高兴，对别人好，想得到别人的认可，全然不顾自己的感受，甚至不曾考虑过，这样将一颗心系在别人身上的取悦究竟耗费了多少心力。

取悦，其实是一场高成本的内耗。

02

每一个习惯取悦的人，大概都会很忙，忙着感知别人的需求，忙着选择先满足谁，忙着焦虑地等待别人的认可，忙着担惊受怕——是否会因为自己做得不够好而被抛弃。而每一个取悦者又都是健忘的，似乎昨天得到的喜爱和认可在明天就会清零，然后就会重新启程，追求更多的认可。

这样会累吗？当然会，可他们停不下来。这一切仿佛成了无止境的循环，追求认可—忘记—重新追求更多的认可；在这个循环里，取悦者像极了陀螺，被鞭子抽打着不停旋转。

在这样的过程里，取悦者消耗了自己的时间，耗费了心力，看似一直在对别人好，却很难获得想要的情谊，甚至会像琪一样获得八面玲珑的评价，得不偿失。更重要的是，在本该自我探索、认识自己的能量与边界、找到真正所喜之事和所爱之人的日子里，取悦者对自己内心的声音置若罔闻，全身心地投入到对别人需求的满足中。

在某一个清晨醒来，阳光铺满全身，你轻轻地问自己：我到底是谁？这一切究竟为了什么？

你，是这样的取悦者吗？

03

不同的取悦者虽然有着相似的行为，但是这其中的心理动因却不相同。拥有25年心理医生从业经验的美国作家哈丽雅特·布莱克在其畅销书《取悦症：不懂拒绝的老好人》中，将取悦分为认知型、习惯型和情感逃避型。

第一类：认知型取悦。

驱使这种类型的取悦者取悦于人的动力是这样一种思维

定式——我需要并争取让每一个人都喜欢我。他们坚持认为自己需要做个好人，不能做个自私的人，为了保持自己的“好人”形象，需要将他人的需求放在高于自己需求的位置上，这对衡量自尊和定义自我有很重要的意义。

第二类：习惯型取悦。

对于这种类型的取悦者来说，取悦带有一种自我强迫，甚至是成瘾的行为模式。取悦对于他们而言似乎是一种与生俱来的习惯。记不清自己是何时开始取悦别人的，更确切地说是记不清自己什么时候不是取悦者了。在他们眼里，别人的认可是氧气一般的存在，不可或缺。

第三类：情感逃避型取悦。

这种类型的取悦者，他们的取悦行为大多是为了逃避令人不安的情感所致。对于他们而言，别说真的跟他人发生冲突，仅仅是有这样的预感都会引发他们的焦虑。他们将取悦作为一种策略，意在保护自己，用让对方满意的方式来逃离愤怒、冲突和对抗。

如果你是认知型取悦者，请一定告诉自己，好人并不意味着要满足所有人的需求，维护自身利益与自私自利有着天壤之别。你可以选择牺牲自己满足别人的需求，但这样只能证明你喜欢伤害自己。

如果你是习惯型取悦者，你一定要明白，没有谁可以一直获得别人的认可。你是什么样的人和你做了什么事并不是两个完全相同的概念，你要学着把它们区分开来。认识到这一点，你便不会对偶尔的批评和指责感到忧心忡忡。谁都不可避免地会犯错误，你也一样。

如果你是情感逃避型取悦者，你要学习的是如何面对和处理冲突，而不是依靠一味地付出来避免冲突的产生。你靠取悦来逃避愤怒、冲突和对抗所获得的短期利益，远远比不上没有学会表达愤怒和管理冲突的技能所带来的损失，因为这些技能会让你和你的人际关系变得更愉快、更健康。

取悦，可能是内耗程度最高的事情，不仅浪费了自己的时间，而且导演了一场又一场的内心戏。在本该提升自己、做喜欢的事情的年纪，选择了苦闷，丢掉了本该找到的自我。从任何一个角度来看，都是不值得的。如果一定要取悦，请你先取悦自己。

罗伊·马丁纳曾经说过："我生命里最大的突破之一就是我不再为别人对我的看法而担忧。此后，我可以自由地做我认为对自己最好的事。只有在我们不需要外在的赞许时，才会变得自由。"

请相信，你也可以像他一样，在成长中摆脱对认可的依赖，获得真正的自由。

“读心术”是我最不想要的能力

01

常常有人问我：“咨询师是不是就像有读心术一样，时时刻刻都可以读懂别人的心思？”遇到这种问题的时候，我都会回答：“如果可以，读心术其实是我最不想拥有的能力。”

听到这个答案，提问者总会反问：“你是心理咨询师啊，拥有了这项超能力，岂不是会让工作事半功倍？”可是我想说，正因为我是个心理咨询师，才更加懂得拥有“读心术”的人是多么疲惫。

在生活中，很多人都拥有“读心术”的能力，这些人有一个共同的名字——取悦者。取悦者身上的“雷达”时刻都开着，用来感知别人的需求，一旦发现，便会倾尽全力地满足对方。他们会把满足别人的期待当成自己必然的使命，会把别人糟糕的情绪解读为是自己的过错，甚至好像会比你更清楚你究竟想要什么。

在我刚开始做心理咨询师的时候，遇到过这样一个来访者，他是一个大学生，每次来咨询都会毕恭毕敬地鞠躬，坐在沙发上时，总是挺直后背，非常认真地回答我提出的每一个问题。他会在每次咨询后，认认真真地把我说过的话写在纸上，背下来，在下次咨询的时候，仔细地说给我听，以此证明他是在好好听的。见我爱喝咖啡，他会在咨询时带一杯咖啡给我。感恩节，他会给我发送表示祝福的信息。

在每一次和他的咨询中，我都感觉自己是在被他照顾的。其中有一次，我因为前一天晚上没有睡好，在咨询的过程中忍不住打了个哈欠，他便立马战战兢兢地问我："老师，是不是我说错了什么？"

那一刻，我真的特别心疼他。我问他："这样时时刻刻在乎别人的情绪，并且总把错误归结于自己，会不会觉得辛苦？"

他说："习惯了，自己一直都是人群中照顾别人的那一个。室友生病，他如果没有及时给他倒水递药，他连去上自习都不能心安，总觉得自己少做了什么。"

我又问："这样全心全意地照顾别人，是否还有时间关心自己？”

这一次，他沉默了很久，然后，他抬头对我说：“你刚刚问我何时关心自己的时候，我的脑子是空白的，因为我从来没有想过这个问题，也从来没有人问过我这个问题。”

取悦者就是我们身边那个拥有“读心术”的人，他们太懂得揣摩别人的想法、照顾别人的需求，然后不遗余力地去满足。就像我的这个来访者，知道我新入行，有被尊重的需求，所以背下我说的话，让我觉得被需要；知道我爱喝咖啡，在咨询中带咖啡给我，满足我小小的习惯。于我，自然会感到舒服；于他，怕是辛苦难当。原本就是会特别照顾别人的人，如果再吃了“读心术”的胶囊，又会怎么样呢？

会不会随时觉得朋友 A 需要陪伴，朋友 B 需要借钱，朋友 C 需要一份精美的生日礼物……然后，像陀螺一样拼命地让别人满意、让别人开心。如果是这样，他更不会有时间照顾自己。

02

其实，“读心术”真的算不上什么神奇的能力，我们每个人几乎都经历过“读心术”的训练，这种训练包括懂事、听话、别光想自己、要为别人考虑……

我曾经参加过一个分享会，其中一个人讲述了自己童年时的故事。小时候，他最引以为傲的标签是“懂事”，因为他的妈妈逢人便会说“我儿子特别懂事”，之后还会加一句“不信，你们可以试”。

有一次，妈妈带着他去上班，面对着办公室的叔叔和阿姨，他的妈妈又一次邀请大家“试”他有多懂事。有的让他倒水，有的让他背首古诗，有的让他唱歌，最过分的是有人让他在地上打个滚。那一年，他只有6岁。

他并不乐意被别人试来试去，但是既然妈妈说了他很懂事，他就需要证明自己是真的懂事。这是他最初学会的“读心术”，他读的第一个人是他的妈妈，他读到的内容是只要自己向别人证明自己懂事，妈妈就会开心。

人的能力会随着时间的推移而提高，包括“读心”的能力。小时候，为了获得“你真懂事”的夸奖，拼命去做让妈妈开心的事；长大以后，也会读懂男朋友想让自己留长发的需求，哪怕自己一直渴望清爽的短发；会读懂同事想让你在工作上搭把手的愿望，哪怕已经自顾不暇；会读懂社会想让自己活成一个“标准模板”的渴望，哪怕自己一直有一颗叛逆的心……

于他们而言，拥有了“读心术”，真的是件好事吗？

03

出于一名心理咨询师的私心，我希望你停止训练自己的“读心术”，将感知周围人需要的“雷达”也一并关闭掉。外在的世界很大，外在的需求也有很多，你真的不需要读懂那么多、知道那么多。很多时候，你需要的恰恰不是读懂他人的心，而是向内求索，读懂自己。

每一次遇到讨好型的来访者，我都忍不住在心里对他们说：“嘿，停下来，你不需要知道那么多别人的想法，你要多看看自己想要什么。”对于他们来说，读懂自己是比读懂别人更难的事情。取悦者最大的损伤不在于时刻需要照顾身边人的情绪，而在于他们过多地关注别人而丧失了自我。

想起一个在聚会上异常活跃的朋友曾经说：“我一直以为自己天生是热场高手。同学或朋友的聚会，我每次都觉得自己有义务把气氛搞活，一旦冷场，我就觉得是自己的责任。”后来，他的女朋友有一次对他说：“你并不是真的外向，也不是真的喜欢热闹的场合，你只是习惯性地那么做。”

那一刻，他被女朋友的话击中了。他想起每次聚会之后，他都需要用一两天去修整自己，读书、浇花、做饭、听听轻柔的音乐，让自己慢慢复原。勉强自己去搞活气氛，对他来说是一件非常消耗精力的事情，但他一直在做这件事，甚至一度以为自己是喜欢这么做的。之所以会这样，是因为他一直都没有问过自己究竟喜欢什么。

感知、读懂别人的需要，对他来说是自动的反应，不需要努力就可以做到。相反，觉察自己，了解自己的内心需求，才是需要刻意提醒自己的事情。

我不想拥有“读心术”，是因为我们早就在社会中有意无意地学会了读懂别人的需求和渴望。社会需要我们做一个“常规”的人，做一个步步踩在点上的人，读书、工作、结婚，等等。这些要求已经刻在我们的心里，甚至不需要费力去读，我们都明白，但我们活得不快乐，不知道自己是谁。这恰恰是读了太多与己无关的需求，而忽略了内心真正的渴望。

如果你拥有“读心术”，不要忘记最需要的那个人——自己。

成年人，可以为自己的委屈负责

01

生活中，很多人好像无论处在什么样的状况里，都能感到委屈。即使完全改变自己的生活状态，还是无法摆脱委屈。

某天，跟一个很久没见的朋友见面。坐下不久，在等一杯咖啡的间隙，她便忙不迭地跟我抱怨，老公只顾着工作，完全不管家里；婆婆又很挑剔，根本相处不来，她现在要一个人带两个孩子，中间的委屈好像几天几夜都说不尽。

我听着她的抱怨，不禁唏嘘。两年前见到她的时候，好像也是这番抱怨，抱怨老公不帮忙带孩子，抱怨婆婆性格怪异，抱怨孩子毁了她的事业。那个时候，她咬牙发狠地说这辈子肯定不要二胎。两年之后，她已经成为两个孩子的妈妈，唯一没变的是抱怨的内容和透露出的委屈。

我听着她诉说着生活中的种种委屈，恍然间想起刚认识她的时候，每天化着精致的妆，踩着高跟鞋，在北京的高级写字楼里上班，一切都很好。即便如此，她也能找到诸多让自己不满和委屈的事情，比如午餐太贵、公司附近总是堵车；工作才两年的同事，穿的、用的比自己贵了好几个档次。而她的工作虽然看起来前途无量，但加班是常态，直属领导的严格更是出了名的，她每天必须打起十二分的精神，弄得她时刻都处于紧张的状态里。

她对工作积累的不满越来越多，当她的先生许诺可以养她一辈子的时候，她就辞职了。好景不长，听相熟的朋友说，辞职后不久，她就开始抱怨日子太闲，找不到成就感，先生的工作太忙，没有时间陪她，等等。

我大概也是认识她之后才意识到，想要消除一个人身上的委屈感是非常困难的，也不会因为境遇的改变而轻易改变。就像我的这位朋友，因为对工作的种种感到委屈，得到先生的许诺之后便辞掉工作，回归家庭。可是这样的生活转变并没有减少她的委屈感。

对于有些人来说，委屈感是长在身上的。

02

人一旦被委屈感充满，就会进入两种模式——抱怨或者爆发。我的这位朋友属于前者，把所有的委屈都变成喋喋不休的抱怨，而我听过另一个故事。有一对夫妻，妻子很用心地经营家庭，但她会在丈夫做得不好时往一个玻璃瓶里面扔一枚硬币，等存到100枚硬币，她就选择了离开。原来听到这个故事，我会觉得这个丈夫做得很差，但换一个角度来看的话，这个丈夫连一次改正的机会都没有，就被妻子单方面踢出了局。

无论是我的那位爱抱怨的朋友，还是投硬币的妻子，她们的选择都是对感情的伤害，而不是消解委屈感的最好方式。人的委屈感通常来自“自身无比正确”的执念。如果你仔细听，就可以在那些话之后听出“我是对的，别人是错的，所以我委屈”这样的逻辑。就像我的那位朋友，上班的时候，工作辛苦、老板严厉是错的；辞职回家，生活太过清闲是错的；有了孩子之后，老公和婆婆帮不上忙也是错的……

在所有人都“错”的反面，是她的“对”。她应该舒舒服服地工作，被人保护和照顾，累了、烦了的时候有人帮她承担。可这怎么可能呢？世界把最好的、最舒服的生活直接拱手相送，只要她不满意或是感到委屈，负责抱怨就好。哪有事情会是这样的呢？

关于委屈，不是所有人都能“理直气壮”地抱怨，有些人的委屈是说不出口的。在咨询中，我曾经遇到一个这样的来访者，她在工作中被同事百般使唤，做了很多不是自己职责范围内的事情，结果差点因为替同事“背锅”而丢了工作。

我鼓励她和老板说明情况，她推脱许久，始终说不出口。她说自己习惯了委屈和不公平对待，已经不知道如何为自己争取。这位来访者在小时候，习惯了把所有的东西都让给弟弟，长大之后，也习惯了做受委屈的那一个。因为她是姐姐，妈妈让她学会谦让，只要是弟弟喜欢的零食，都要留给弟弟。有一年，她想买一套考试用的辅导资料，妈妈说家里没钱，但随后就给弟弟买了最喜欢的滑板。

这些委屈，这些被“不公平”对待的过往，她不知道应该去对谁表达。所以，她便一直委屈下去了。

03

成年人，可以为自己的委屈负责。

在长大的过程中，我们都会有很多的无奈，要学着应对各种各样的困难，但长大最棒的地方在于，我们开始有能力选择自己想要的生活方式。没有人喜欢委屈地生活，想要摆脱这样的生活状态，有以下两种方式。

第一，为自己的选择负责。

是的，不是妄想改变世界，告诉别人自己是无比正确的、牺牲和付出了多少，而是把眼光放到自己身上，为自己的选择负责。

我的一位老师和我讲过她自己的故事。她在年轻时一心拼事业，直到 39 岁的时候才生了女儿。有了女儿之后，她的事业受到很大影响，生活的重心不得不转回家庭。而她的先生正处在职场的关键时期，没有时间照顾她和孩子，但她从来都没有为此抱怨过一句。她说："我决定生孩子的那一刻就知道，我不是因为其他人才要孩子。先生、婆婆如果能帮上忙，当然好，如果不能，我也愿意花时间和精力来照顾孩子，享受和孩子在一起的每分每秒。”

我们从来都没有能力控制别人，却可以为自己的生活做出一个好的选择，并且承担选择带来的结果，这也是为自己生活负责的态度。

第二，学着表达。

每个人都有自己不同的标准，也许一不小心伤害了你，让你受了委屈。这个时候，你要做的不是忍耐，而是清楚地表达“你这样做，我觉得对我不公平，我不喜欢”这句话。

对很多人来说，说出这句话并不容易。有的人是因为习惯了“不公平对待”，为自己争取会感到恐惧，但这份恐惧并不是不可战胜的。只要你鼓起勇气表达一次就会发现，表达的结果不但没有你想象的那么糟，还让你因此争取到属于自己的权利，同时也向别人表明自己的界限，获得别人的尊重。

委屈感实在不是一个讨喜的存在，但是你要明白，无论是过去还是现在，你是有权利不委屈的。在这个前提之下，你开始为自己的选择负责。当委屈感出现的时候，试着表达出来，而不是选择一个人忍下来。

最后，祝你活得洒脱。

你不是工具箱，无法解决所有问题

01

人不是万能的，但是很多人却在潜意识里有这样的执念——我可以解决所有的问题。于是，他活成了一个工具箱。

朋友说缺钱，他哪怕省吃俭用，从信用卡借贷都要把钱给朋友凑齐；同事说有个技术困难解决不了，他宁愿动用关系找外援，也要设法把问题解决；亲戚来他所在的城市看病，他提供吃住，帮着挂专家号，把自己的家变得像一间旅馆。

朋友们都说他是个好人，像哆啦A梦一样可以解决所有问题。只有他，听着别人的夸赞，却不知道自己是谁。当然，这个人是他，也有可能是你。为什么你执意想要活成工具箱呢？

做工具箱是会上瘾的。这个瘾来自别人的认可，来自刹那间的自我满足。曾经有个来访者，走进咨询室之后，单刀直入地问我："老师，我总是忍不住对别人好，怎么办？"

那个时候，他原本不低的薪水被朋友、同事和亲戚几乎借光了，每个月靠信用卡勉强度日。我问他为什么一定要借钱给别人，他的理由是别人有需要。我追问："他们也可以向别人借，为什么非得是你呢？"

他说："你知道明星有人设，其实我也有。我的人设就是好人，有求必应。如果我之前借给他几次，这次不借，我的人设就崩塌了。"

他的说法和很多人不太一样，我便继续问他："明星的人设崩塌会造成巨大的经济和名誉的损失，你的人设崩塌会带来什么？"

他答道："损失就是我之前苦苦经营的好名声没了，做错一次，之前做对的 99 次就失去了意义。继续做好人，换来的是别人的感激和夸奖；拒绝的话，别人会说'原来他之前的好都是假的'。"

听到他的解释，就好像做别人的工具箱这件事竟然和抽烟、喝酒一样，是会上瘾的。而且带来了两个方向，向左走，得到的是别人的感激；向右走，之前的付出可能归零。在心里盘算一番，最后决定向左走，还是继续做个工具箱一样的好人得了。

明星想要打破自己的人设不容易，原来普通人想要改变别人对自己的看法也是障碍重重。

02

做个“好人”真的那么重要吗?

很多人想要做个好人，但为了做好人，变得来者不拒的人并不多。拥有“好人”执念的人，大概出于三个原因。

第一，童年时期缺乏认可，缺什么，补什么。

听另外一个来访者讲过自己的故事。小时候，因为她的姐姐聪明、漂亮，成绩又好，她在姐姐的身边很少受到夸奖。有一次，妈妈的同事带孩子来她家做客，她把自己的糖果给了那个孩子。阿姨当时夸她懂事，懂得分享。她的妈妈也说:“这个孩子最大的优点就是不自私，有好东西不会自己藏着。”

在她当时的印象里，那是妈妈第一次夸她。从此以后，她学会了一件事——把自己喜欢的东西给别人，因为这样会受到表扬。同样的文具盒，姐姐喜欢粉色，她就把粉色的让给姐姐；同样的项链，姐姐喜欢有小熊吊坠的那一个，她就赶紧让出来；别人家都是姐姐让着妹妹，但在她的家里，是她让着姐姐，因为她知道，这样会被夸奖。

她带着这样的意识和习惯慢慢长大，已经忘了自己喜欢的是什么。只要别人喜欢，她就拱手让人。就连工作之后面临升迁，她也因为同事说家里的经济压力大，最后放弃了主动竞岗的机会。

他们喜欢做好人，因为只有做好人，才会获得别人的夸奖。这样的想法已经在他们的大脑里根深蒂固。

第二，完美主义倾向严重，不仅追求做“好”人，还追求一切的“好”。

你一定见过这样的领导，他希望自己从生产到营销都可以精通，在下属遇到问题的时候，可以豪气地指点江山。他享受其他人的赞扬，想做好所有的一切，自然也不会放弃做好人的机会。

下属 A 要买房子，他会发一个大红包；下属 B 的孩子生病，他帮着联系医院；下属 C 跟媳妇闹矛盾，他帮忙去调解。遇到这样的领导，自然是一大幸事，但是作为咨询师，我想问一句：“累吗？”

第三，认知偏差，以为好人就意味着不拒绝，照单全收。

我们对“好人”这个词不仅有执念，还有误解。似乎只要贴上了“好人”的标签，就要说话温和、做事体贴、孝敬长辈、尊重师长，就不能发火、不能抱怨、不能疲惫……

“好人”变成一副沉重的枷锁，“好人”好得不像人。当人们内心给“好人”加上了如此之多的负累，就会自动屏蔽“拒绝”“否定”“发火”等词语。就像我的来访者，对别人的要求来者不拒，活成了“工具箱”，就是因为害怕自己一旦拒绝，别人会觉得他之前的好都是伪装的。为了不让自己的人设崩盘，他就算违背自己的心意，也要继续做个“好人”。

可是，是谁把好人的标准定得如此之高呢？

03

别盲目地做个好人，别轻易地活成“工具箱”。我们无法满足所有人的期待，更无力解决所有的问题。越简单的道理，有时候越需要更长的时间去领悟。也许是原生家庭带来的伤害，也许是完美主义的执念，或是对于“好人”的误解，让你不小心活成了“工具箱”，被别人随取随用，不停地满足所有人。

我很想告诉你，你的时间、经历和能力都是有限的，就算是真的工具箱，也有解决不了的问题，你不用勉强自己。有两个建议，你可以试着让自己慢慢摆脱做一个“好人”。

第一，放下自我。不要把自己看得特别重要，没有你，别人的问题也会有解决方式。

第二，学会合作。正因为我们都有解决不了的问题，才需要合作。把目光从“我”投向“我们”。问题还会是问题，但是它的解决办法多了起来。“我”没法解决所有的问题，“我们”可以。

“我”要把拼命做工具箱的时间省下来，留给真正的我。

第三章

告别完美主义

自卑是因为想要的太多

01

咨询室里，来访者菱对我说：“老师，我很自卑。”

尽管菱是那种外表出众、家世不错、老公宠爱、在职场上有一片天地、每一项拿出来都能让别人自卑的人，可是凭借做心理咨询师这么多年的经验，我太懂得处处优越从来都不是一个人自信的理由，有些人是越优秀越自卑的。我跟她深入讨论过自卑的原因，发现她的自卑背后隐藏着一个个更难以企及的目标，并且她会随时调整这些目标，将它们变得更加难以完成。

当她拥有一个漂亮的四室一厅的房子，她问自己：为什么不能是一栋别墅呢？万一将来的孩子被同学比下去怎么办？

当她拥有一个还不错的职场地位、收入可观，她问自己：

“那些穿着长裙，在窗边作画的姑娘多棒啊，为什么我没有艺术细胞呢？”

当她真的用业余时间，报班学了画画，她又对我说：“其实画画也没什么了不起的，要是能做设计师，有自己原创品牌的服装才厉害，可是我大概这辈子都没机会了。”

我说：“如果真的想做，现在开始学起来，没准还真能实现目标。”

菱说：“可是我还有手头的工作要做，哪有那么多时间啊？”说完，她瘫坐在咨询室的沙发里，两眼放空，仿佛未来是一片渺茫。随后，她又轻轻地吐出一句：“我怎么什么都做不好？”

我明白了菱的自卑，是一种能力永远追不上欲望的自我挫败感。我原来一直都认为拥有欲望是好事，但拥有无限的欲望，并且每一个欲望都是自己难以企及的目标时，人难免就会自卑。

02

自卑通常分为两种：一种是横向和别人比较，发现自己事事落于人后，所以觉得自卑；还有一种是纵向给自己设置了一个个高不可及的目标，因为始终做不到，所以自卑。

菱的自卑显然属于后者。她拥有很多，家庭、事业双丰收，但是她想要更多，比如做个不用上班而是可以泡在艺术馆里的画家，或者做一个拥有自己原创设计品牌的服装设计师。即使她真的成为一名出色的设计师，她依然会自卑，因为还有更多无法企及的目标和愿望在前面等着她。

有目标当然是好事，但是目标本身有合理与否的区分。合理的目标常常在自己努力可及的地方，有这样一个目标存在，人会更有动力。而不合理的目标，常常在理想中，这样的目标只会不停地挫败自己，让你连开始的勇气都没有。

评判目标是否合理，除了和自身的能力有关，还和愿意付出多少努力有关。如果你想要顶级的成就，必然要付出超乎常人的努力，不是认真，不是尽力，而是全力以赴。就像菱，不满现状，想要拥有属于自己的设计师品牌，又舍不得收入还不错的工作。若不能付出一切，却只想要那个最好的结果，留下的必然是挫败和自卑。

03

我想起另一个来访者，他同样自卑。问他自卑的缘由。他说自己想要创办一家中国最好的企业。我被他的梦想惊到，一时不知道说些什么。我问他为这个梦想做了什么准备，他说自己从小到大看了很多中国企业家的传记，觉得每个人都有自己的局限，而他可以克服这所有的局限。我追问他除了看企业家的传记，还做过些什么。这一次，轮到他不知道怎么说，转而抱怨自己的父母没有钱，自己没有从天而降的投资。

他认为自己的家庭如果是有钱的家庭，那么他就不需要为第一桶金发愁，他就可以成为中国最优秀的企业家。因为这个梦想的存在，他觉得每天的工作枯燥又乏味，配不上他的野心，更配不上自己想要做中国第一企业家的梦想。

我感慨，如果一个人从一生下来，就把人生目标定为“想要摘下天上的星星”，那么他大概一辈子都是自卑的。相反，那些不给自己设定目标，一步一步在努力的人，反而能够一点点累积自己的自信，从而走上成功的道路。

最后，想聊聊走出自卑的方式。像菱一般，永远不满足，常常给自己设立新目标的人，并非少数。可并不是每个人都会自卑，因为他们懂得在设立目标的同时分解目标。把一个看起来难以企及的目标，分解成一个个的小目标，然后规划出合适的时间，逐步实现它。还有另外一种人，他们懂得管理自己的欲望，不给自己设定不切实际的目标，更不会在不切实际的目标上花费太多心力，安于当下。所以，活得自在且知足。

这两种人都不太容易自卑。这样看来，摆脱自卑，其实最重要的方式就是调整自己与欲望相处的模式。要么付出与欲望匹配的努力，要么去管理预期。二者选其一，就不那么容易自卑了。

大多数的焦虑，来自“更好”两个字

01

我们都渴望让自己变得更好，赚更多的钱、住更大的房子、去很多地方旅行、有更多的自由时间，这些都无可厚非。只不过在很多时候，“更好”两个字也给我们带来了疲倦和焦虑，甚至是自我怀疑。因为变得更好是没有终点的，以此为目标，意味着要不停地向前奔，每一次的成功都只能代表下一次的起点，这会让整个过程变得很辛苦，甚至是痛苦。

我曾经在一段时间里陷入了写作的焦虑，文章停止更新了很久。常常是落笔又删掉，折腾很久都写不出一篇觉得可以发出去的文章，不是没话可说，也不是找不到主题可写，只是想到要么是写过类似的文章，要么是找不到一个新的视角，或者是觉得构思始终不够完美。总之，当时就是希望每篇文章的呈现都可以比之前更好，我都不知道什么时候给了自己这种要求。最后，我在一个月的时间里只写了一篇文章，看到有读者不断催我更新文章，自己又迟迟写不出来，心里真的是又急又躁。

朋友见我很久没有更新文章，问候了我一下，我也说了原因和自己的焦虑。朋友很洒脱，给我发了一句话：你又不是流水线上的工人，哪能篇篇都保质保量，别跟自己较劲。之后又加了一句：别忘了你当初为什么写文章。

没想到这看似随意的两行字，却解了我当时的困惑。当初决定写文章，又选择自媒体，不过是不喜欢被束缚，希望可以自由地表达内心所想。不承想，写着写着，竟然跳进了自己挖的坑。

写作本身不过是生活的记录与内心的表达，如果还能给读到的人一点启发，更是幸事，不用刻意地用好坏区分。很多时候，我们因为追求更好，甚至觉得不这么做的人就是不努力和不上进的，这样的想法已经悄悄在我们的脑海里扎根。

02

对于更好的追求，有时候不仅是一种要求，更是一种执念。我们不仅要求自己做到更好，也要求别人做到更好。就像老师会对学生说“上一次考了第一名，下次要继续保持”，或者领导对员工说“上个季度业绩不错，下个季度要更上一层楼”。

这些要求当然不是错的，只是很多人在追求更好的过程中会让自己变得越发焦虑。这个世界原本就在以肉眼可见的速度越来越紧密地联系着，这种联系的好处在于我们对世界的了解越来越多，而坏处在于我们想要变得更好的标准越来越高。

这样的事情在生活中是很常见的。比如，你的小日子过得挺滋润的，但是看了看别人的生活，发现原来的同学已经住上了豪宅，前同事的薪水已经是自己的几倍，朋友的孩子已经背下了上千个单词，等等。在这样的对比之下，心态马上就发生了变化。

一个妈妈曾经跟我说，她的孩子学习成绩很好，但只要孩子偶尔一次考得没有那么好，她就会感到恐慌，她知道自已不应该这样，可就是控制不住。大概是在同一个维度的世界里，参与竞争的人越来越多，所以，“内卷”这个词才会让大家有那么强的共鸣。我们都在各种标准之下“卷着”，明知道哪里不对，但就是没有跳出来的勇气。

我们一边强迫自己变得更好，一边也会忍不住地想：好累啊，什么时候可以停下来歇一歇呢？可以不用那么拼，就只是单纯地留在当下的这一刻。

03

我很喜欢的一部电影《海上钢琴师》，每一次看的时候，都会在内心激起不小的波澜。影片的主人公“1900”是一个被遗弃在邮轮上的孩子，负责邮轮上添加煤炭的工人丹尼·博德曼将他救起并独自抚养。从此，“1900”在海上度过了自己的一生。在陆地上，“1900”是个从未存在过的人，没有亲人、没有户籍，也没有国籍，大海便是他的摇篮。好在他有天赋为伴，无师自通地学会了弹钢琴，技艺之精湛让很多人叹服。尽管好友马克斯无数次鼓励他走下船，向全世界展现自己的天赋，“1900”却不为所动。仅有的一次，他下决心走下船，却在即将走下舷梯的时刻驻足，他观察着整个城市，来往的人、数不清的街道、热闹的叫卖声……随即，他返回邮轮，从此再未离开。

很久以后，他向马克斯解释自己返回的原因，说了这样一段话：

“那天在舷梯上的感觉很好，我决心下船，意志坚定，这些都不是问题。我并不是因为看到了什么才停下，而是因为我所看不到的。漫无边际的城市，可以说什么都不缺，就是没有尽头。我看不到东西的尽头，世界的尽头。比如说钢琴，琴键有始也有终，你知道琴上有 88 个键，一个不多，也一个不少，琴键是有限的，在这些琴键上所能创造出来的音乐是无限的。我喜欢这个，也是我愿意做的，但是我站在舷梯上，摆在我面前的琴键有成千上万，永远也数不完的琴键，根本就没有尽头，这个键盘太大。而在这个无限大的键盘上，你根本就无法去演奏，这不是为凡人准备的，这是上帝的钢琴。你看那成千上万的街道，你怎么知道要去选择走哪一条，你要怎么去选择一个女人、一栋房子、一块属于自己的天地、一片窗外的风景和一种死亡的方式？我出生在船上，世界从我身边经过，但一次只有几千人，这里有梦想，而又永远不会超出船头，你可以在有限的琴键上表达出无限的快乐，这才是我的生活。陆地对我来说是一艘太大的船，就像女人太漂亮、旅途太长、香水太浓，这些曲子我不知道从何弹起，我永远都离不开这条船。”

这段话，我反复看过很多遍，既觉得震撼，也觉得羞愧。我们生在陆地，一出生便看着无数的街道、无数的人怀揣着无数的梦想，以为世界无限大，我可以任意翱翔，于是想都不想地加入了各种竞争，一路狂奔。可是，我们真的知道应该如何选择吗？

要走哪一条路？要和哪一个人共度人生？要去实现怎样的人生意义？更重要的是，我们的极限在哪里？我们自以为知道，或者从来都以为世界是没有极限的，所以追求一个又一个的“更好”。可是，无限的挑战极限除了让自己更焦虑，有时候也很容易让自己失去一个坐标，以为生命和幸福的方向永远在缥缈的远方。

这段话甚至有些讽刺。“1900”看似漂泊，从出生起就随邮轮无数次在海上往返，但是他的内心始终知道自己的坐标在哪里、要演奏怎样的乐曲。而我们的坐标呢？当然，我并不认为大家应该放弃对更好的追求，而是在这个过程中，我们应该明确自己的坐标在哪里，并且清楚自己的极限所在。除此之外，我们还要找到自我，花时间来认识自己，这样就不会轻易动摇，也不会轻易迷失。

生命中有无数的“更好”，但并不是所有的“更好”都适合自己。那些“过长的旅程”和“过浓的香水”只会消耗我们的精力，不会让我们更幸福。

愿每个人都能找到自己生活的坐标。

越完美，越孤独

01

玥走进咨询室，笑靥如花，穿着一件米黄色的毛衣，整个人显得温暖而柔和。她对我说："昨天下午与朋友聚会，四个人的下午茶，熟悉的场景，习惯的聚会，却第一次觉得完满和舒心，打心眼儿里觉得，有她们在，真的是美好和幸运。"

我知道，这简单的满足对她来说有多么难得。半年前，玥走进咨询室，带着数不完的抱怨，是一个完满却空洞的姑娘。完满是因为她拥有20多岁的姑娘该拥有的一切，样貌出众、薪水很高，有自己的好朋友和一个爱她的老公，而空洞是因为在她的眼里，她拥有的这些都是不尽如人意的。那个时候，她被医院诊断为重度抑郁，不想见人，也不想做事，认为这个世界对她满怀恶意，觉得很孤独。

她当时问我："为什么这个世界上没有自己喜欢的事，也没有喜欢的人？"

我无法给她一个满意的回答，只能静静地听她数落先生的身高不高，挣钱不多；听她抱怨总有那么一两个同事喜欢八卦她的生活，让她不胜其烦；听她说朋友A仗着自己事业有成，说话尖酸刻薄，有时让她下不了台；朋友B事事需要找大家商量，像个没长大的孩子；朋友C虽然体贴周到，但一心扑在老公和孩子身上，出口必谈孩子，等等。

在当时的她看来，世界充斥着缺憾。她说自己有时候希望世界上只剩自己一个人，不想和任何人产生交集。那段时间，她的生活里也的确只有自己，避开了所有人，包括她的先生和朋友。我明白，她的孤独和抑郁来自想躲进一个完美的匣子里，拒绝整个世界。

她的抱怨和倾诉持续了很长一段时间。终于有一次，在听完她抱怨先生始终记不住她喜欢的是蓝色妖姬而不是红玫瑰之后，我问她："你期望的生活是什么样的，你期望的人又是什么样的？"

她说："希望先生再帅一点，这样就不会在朋友面前丢了面子；希望他明白我想要的是什么，而不是在我想吃牛排的时候带我去吃一顿火锅；希望朋友们在我心情不好的时候，能及时出现安慰我；希望工作上没有自己讨厌的爱八卦的同事……”

她说了很多，在讲述了对工作、生活、朋友，甚至居住环境的种种美好设想之后，突然抬头问我：“我是不是要得有点多？”

我笑了，她也笑了。那一刻，她好像明白了什么。很多时候，人的改变就是从这种突然的明白开始的。

02

在这次咨询之后，她强行关闭了搜索别人缺点的“雷达”，开始关注其他人的优点和其他事情带来的好处，并且为自己的生活做了一个优点积分表。

先生早起做了早餐，加2分；去朋友家学习做蛋糕，很开心，加3分；工作上的项目进展顺利，领导请部门所有人吃饭，加2分；下班后和先生一起看了一部期待已久的电影，加3分；收到朋友在旅行途中给自己寄来的明信片，风景很美，朋友笑得很灿烂，加2分；周末，上了第一节插花课，加1分……

玥的生活慢慢变得可爱起来，心情也比之前好了很多。

她说：“我原来只负责扣分，扣得越多，心情越差。最重要的是，我觉得世界上没有一个可以让我觉得舒服的人，可谁会是完美的呢？事事又怎么都如我所愿呢？就这样，我把自己扔到了一个孤独的荒岛上。现在换了一种方式之后，越来越能发现别人身上的优点，尤其是先生，和他相处的时间最多，他的积分竟然已经超过 100 分。像这样常常提醒自己去看身边人的优点，内心越来越满足，就不会像原来一样了。昨天的下午茶，我看着相处多年的朋友，大家从大学到上班，过了这么久，还能坐在一起毫无芥蒂地聊天，在这样的城市里是何其幸运？”

听着玥的话，再想想她这半年以来的变化，愈发相信一句话——大多数情况下，要改变的不是这个世界，而是我们看待世界的方式。

03

想到之前，一位同为咨询师的朋友问我：“杉，你觉得完美主义最大的苦是什么？”

我说：“心累吧。一直苦苦追求，无法停下来享受生活，也无法达到想要的完美。”

她说："应该还有孤独，人之所以不孤独，是因为与人与外部世界有所联系，且内心满足，若始终不得，必然孤独。越追求完美，就越孤独。"

如今想起这句话，觉得甚为通透。当我们抱着完美主义的心态去看这个世界，相当于要求这个世界不能有瑕疵，也不能有残缺。如果有，便选择放弃，转而寻找新的世界，或者关上心门，自怨自艾，抱怨整个世界不完美，一切都不尽如人意。如此，内心都是满满的缺憾和愤懑，又怎么会不孤独呢？

如果你也是一个完美主义者，对于这种孤独感，一定不会陌生。

在职场里，换过很多次工作，不是因为工资太低，便是与同事的关系不融洽，或是碰到的领导不那么友善。于是，你不停地换工作，始终没有得到那份想要的完满，只能感慨找一份工作的困难。

在爱情中，接触了很多人，有的浪漫，有的温柔，有的知识渊博，你却感慨，为什么浪漫的总是很忙，温柔的又有些木讷，知识渊博的总是察觉不到你的情绪。当你独自面对一个人的午后咖啡或午夜宁静的时候，是否想过，为什么所有的优点不能集中在一个人身上呢？

还有，你也许风趣幽默、重承诺、知界限、很容易获得一份友情，你会为认识新朋友感到欣喜，但很快就会发现，他们有的太肤浅，有的总是迟到，有的事事精通却自大，你会在心里一点一点地给他们减分，然后感慨自己无法遇到一个投契的朋友。

这样一点点地回望过去，检索生活，发现的尽是不如意之处，感叹“所得非所愿，所愿又求而不得”，这种孤独感让你没了方向，只剩下失望。如果你可以像玥后来一样，不再只是看到别人身上的缺点，换一个角度来重新看待这个世界和身边的人，你会发现，每个人和每件事其实都有加分项。

当然，这种方式不会让你发现缺憾的“雷达”瞬间停止工作，却可以为你提供一个新的角度和思维方式。时间久了，对于外部世界和其他人的看法都会不一样。更重要的是，你不会再像原来一样因为不完美而感到孤独和痛苦。

04

此外，如果你像原来的玥一样，陷入完美的迷思不可自拔，除了采用“优点积分”的方式，也可以试着这样做。

第一，用自我对话的方式告诉自己，所有的事情必然都有不完美之处。

当你预设凡事必有缺陷，便对不完美多了一份接受和宽容，在面对它时，也因为内心早有准备，不至于过度失望。

第二，看到不完美之处，尝试寻找解决方案。

如果你是一名完美主义者，看到别人身上的缺点和外部世界的不完美之处，实在是件非常轻松的事。这个时候，你可能近乎本能地想放弃，然后去另一处找到完美，但请你试着停一停，看看不完美的是什么，是否可以找到解决方式。以工作为例，如果你和现在的同事关系很好，平台也有很好的发展可能，只不过薪水没有那么高，那么你可以根据自己的情况找一份兼职来增加你的收入，而不是冲动地选择辞职。

第三，如果事情没有合适的解决方式，则寻找补充方案。

说一个大家很常见的情况。如果你的男朋友体贴、浪漫，但就是不喜欢逛街，你完全可以和自己的朋友一起逛街。强迫男朋友和你一起逛街或是干脆找一个喜欢逛街的男朋友，这都不是一个好的方式。把一份完美的期待全部寄托在一个人或是一件事上是危险的，试着将其分散开来，很多事情便会迎刃而解。

从身边的小事入手，给困扰自己的“缺憾”找到解决方案，慢慢地就不会守着完美的执念而感到孤独。完美不是一个贬义词，它让你对世界多了一份期许，让你探寻这个精彩的世界，但凡事有度，完美也不可能有终点。

不要因为一味追求完美，忽略了已经握在手中的美好。

追求完美是对生命的“傲慢”

01

以前，总说自己太易受环境影响，晴天便心情明媚，雨天、阴天心情似乎也蒙上了一种挥之不去的疲累。可是如今，却越发喜欢雨，喜欢这种滴滴答答、有节奏的宁静。

朋友打电话过来，闲聊起来。从最近爱上的馆子，聊到工作的状态。在如今，微信上几个字、几条语音信息几乎成为全部的交流方式的时代，还有朋友，远隔两地，愿意花时间、不紧不慢地与你煲一次电话粥，是一件幸事。

朋友说：“最近的工作状态越来越放松，不再一味地追求好，允许稍差一点的存在，本以为这是一种妥协退让，却发现这样的状态，工作效率更高，团队合作也更愉快。”

听朋友这样说，觉得惊喜。那个曾经考第二名都会哭鼻子的姑娘，那个每日上班，衣服、鞋子、包乃至发饰都搭配得一丝不苟的姑娘，那个给老板的策划书写出7个不同版本的姑娘，如今，终于学会了放松与妥协。

我问她：“是什么让你的心境转换？”

朋友说：“极致的追求，有时适得其反，不得不反思。以前做文案策划，追求极致，不过是牺牲一点睡眠时间多出几个方案，精益求精是自己可以控制的事情。如今，管理整个团队，把眼光紧紧盯在一个点上，耗神不说，也会错过很多。比如怎么让员工在工作中找到快乐和成就感，而不是苛求一个文案是99分还是100分。这差一分的文案，固然有所不同，但其差异却少之又少。相反，这1分却可能挫伤员工的积极性，让她以为自己永远做不出好的东西，在以后的工作中，局限了思维，又对自己产生怀疑。这种损失，远比那1分要大。”

我笑笑，那个曾经叫嚣着“不完美，不成活”的姑娘，如今也学会了这般“圆滑”。

朋友说：“曾经太过追求完美，一是因为紧张，总怕自己做不好，会被挑剔，所以强迫自己做到完美，以为这样就可以满足所有人；二是因为傲慢，如今想来，哪有什么完美，以为拼尽全力，就可以完美，说到底是一种傲慢。比如现在，就算我可以呈现一个完美的文案，可是这其中要花费很多心力，别的事情也无法兼顾。除了文案，我还有客户要去沟通和维护，员工管理工作要做，自己的领导要去应付，必然是追求了 A 的完美，便损害了 B 的完美。这其中的得失，需要怎样计算？再者，我们自以为的完美，主观而狭隘，以一己之力判定世界，这又是另一个层面的傲慢。”

02

我听着朋友关于完美的见解，心生佩服。年少时，我们太容易轻狂，以为世界会按照自己想要的方式运转。所以，轻易定下一个完美的标准，便马不停蹄地追逐。一旦得不到，便怪世界不公平，辜负了自己的努力。

我们都会越来越明白，所谓完美是只可追而不可求的，更重要的是，过于执着的追寻，很可能丧失更多的东西。你在工作上追求完美，很可能因小失大，错过了时间节点，结果失去了更重要的项目；你在友情中追求完美，希望朋友十全十美，做一个没有缺陷的人，结果你失去了很多朋友，越来越孤独；你在爱情中追求完美，很可能给另一半带来无限压力，对方因为疲惫而选择离开。这些故事或多或少都在我们身上发生过。

想到一个来访者对我说：“曾经生活得太过顺利，有无限宠爱自己的父母，又因为学习成绩很好，在学校拥有一定的话语权，就这样度过了人生的前20年。却在工作后的几年里，被摔得很惨。于是，慢慢地明白，曾经的自己是生活在家长、学校为自己亲手搭建的漂亮城堡里，在20岁之后，才开始走进真实的世界。”

“相比原来的城堡，真实的世界一点都不美好，但它却让我知道自己的局限，明白什么可做，什么不可以做。这种感觉一开始必然是痛的，但它让你学会一种东西叫敬畏。敬畏世界，便不会盲目自大，会更谦虚地学习，从而让自己变得更好。”

就像我的朋友，不再执着于一份文案是99分还是100分，却懂得在团队、工作，甚至于生活中，求得一份平衡，在折中、权衡，甚至于牺牲中求得最好的结果。

不再执意完美，却获得了更好的结果，这是一种成熟。

03

每一个完美主义者大概都懂得，追求完美是人生之苦，是一种夸父逐日般的求而不得。其实，更苦的是空有一颗追求完美的心，却没有追得到完美的能力。这力量与目标之间的巨大悬殊，让我们经历着内心的无限挣扎。要摆脱这种困境，无非是要学会平视自己。以一颗谦逊之心，面对世界，也面对自己。

知道自己有所局限，也允许朋友有一些缺点、事情有一些差池。带着一个可以“容错”的心，待人、待己都多几分从容。更重要的，当我们接受了事情的不完美，才能更客观地看待事情本身，允许新的观点出现，甚至是完全相反的观点。

看得越多，听得越多，才懂得自己的渺小，才知道完美是不可到达的彼岸，但是因为我们一早接受了世界的不完美，不再会因缺憾而自怨自艾。相反，心态更平和，态度更从容，一点点地听，一点点地学，一点点地变好。用这样的态度与世界相处，不再傲慢地以为可以事事求全，处处完美，在这个过程中慢慢变成更好的自己。

已故歌手莱昂纳德·科恩说：“不够完美又何妨？万物

皆有裂痕，那是光照进来的地方。”

我第一次听到这句话时，心为之震撼，感慨其智慧与通透。且不说完美本身并不存在，就算真的存在，它也会是另一种缺憾。站在山巅固然有无限风景，但不再有前进的可能存在，本就是最大的不完美。所以，别再试图把那缝隙变得完满，带着一颗谦卑之心。允许它存在，让光透进来。

世界并不完美，也美！

承认不完美，是完美主义者的终极解药

01

咨询室里，水姑娘哭得泣不成声：“我的同学 A 知道的东西特别多，无论是美国大选，还是韩国的傀儡政治，她都能侃侃而谈；同学 B 不仅漂亮，还超级贴心，最重要的是，她弹得一手好琴；同学 C 的英文说得比我中文还好。只有我，一无是处。”

水姑娘是我的来访者，因为她很爱哭，所以我叫她水姑娘。几次咨询，水姑娘几乎都在历数同学的优势和处处不及他人的自卑，然后便是“大珠小珠落玉盘”，顺便还给自己下了一个结论——我是一个无趣的人。根据我的经验，越是觉得自己全无优势的人，越是同龄人中的佼佼者，不过他们没有达到自己设想的那么好罢了。

“可是你成绩好呀，上学期的考试，你不还考了全班第一吗？”我对水姑娘说道。

“那有什么用呢？”她迅速反问道。

“你个高腿长，是马拉松健将，还有漂亮的马甲线。”我继续提醒她。

“那又有什么用呢？”又一次，同样的反问。

我意识到，水姑娘是典型的完美主义者，对别人的优点耿耿于怀，却对自己的优点视而不见。她对自己有着全方位苛刻的要求——我要成为最优秀的，无论哪个方面。显然，这是不可能达到的目标，却是每一个完美主义者内心不可遏制的声音。

关于完美主义，心理学家大卫·伯恩斯在1980年的时候给出了定义，他认为完美主义者不是指那些健康地追求优秀并在努力达到高标准的过程中体验到快乐的人，而是指那些把个人标准定得高于自己能力，强迫自己不断向不可能实现的目标努力，完全以工作量来衡量自己价值的那些人。也就是说，很多追求优秀的人并不属于完美主义者的范畴。

我的来访者中有很多完美主义者，他们渴望成功，害怕失败；不允许自己做事出现瑕疵；在学习和工作上毫不放松，在社交能力、业余活动、兴趣爱好等领域也要拥有自己的优势地位。毫无疑问，因为这些特质，他们成了同龄人中的佼佼者，或者说在他们变得越来越优秀的路上，完美主义的特质帮了很大的忙。

完美主义通常具有以下几个特征：给自己设定很高的目标，对自己要求严苛；要求事情按自己的想象发展，否则就觉得不完美；对于要做的事情在脑子里反复演练或者在做事时反复检查；对整洁和秩序的要求严格；在意别人的想法，惧怕否定。同时，完美主义者也是疲惫的追逐者，他们可以取得很多成就，却很难感到快乐，即使有，也是转瞬即逝，在新的目标指引下，他们如夸父追日般的追求着完美。

在取得成就的同时，完美主义带来的种种弊端也困扰着他们，比如自尊心太强，接受不了别人的批评和指责，尤其在自己在乎的领域；很难建立长久的亲密关系，他们把对自己的完美主义投射到朋友、恋人身上，期待对方完美，但出于世界上没有完美的人这个最基本的事实，他们在对方身上看到缺点之后会因为失望而选择放弃；喜欢拖延，在他们眼里，要么不做，要么就做到最好，常常因为没有把握可以做到最好而无限制地拖延下去；对挫折的耐受性差，出于对完美的期待而不愿意接受挫折。

完美主义者的形成多数与其父母的教养方式有着密不可分的关系，每个完美主义者的成长过程中通常有着难以取悦的父母。人本主义心理学家卡尔·罗杰斯认为：不能满足父母期望的儿童会体验到慢性的无助感，这种无助感会导致他们对强加于自身的高标准感到无能为力。所谓有条件的自我价值感，即只有满足父母的要求，达到所要求的高标准，才可以证明自己的价值，才可以让人喜欢，否则就意味着一无是处。

02

如何克服完美主义？

第一，学会做减法，加强自我认知和觉察。

是的，让一个完美主义者在享受成就的同时能够拥有更愉快、更健康的生活的第一步，便是清晰地认识到自己是个完美主义者。

当你因为朋友的某个缺点而想把对方移出自己的好友名

单时，记得提醒自己，是完美主义在作怪，对方是否有其他的优点没有被看到；当你没做好某个项目而苛责自己的时候，想一下是不是对自己的要求过高，从而设定了一个不切实际的目标；当你取得期盼已久的成就，还没来得及享受就迫不及待地追求下一个目标时，提醒自己，前方还有无数目标，并不急在一时。享受成就带来的美好，也是对自己的犒赏。

在这样与自己的一次次对话中，完美主义者可以更加了解自己，也会慢慢放松下来，把精力集中在更重要的目标上。对于完美主义者来说，这个过程并不是一蹴而就的，但是可以不断审视自己，加深对自己的认知。

第二，增强对过程的嘉奖。

完美主义者之所以对自己有如此严苛的要求，大概也与社会上普遍存在的考评标准有关。我们生活在一个“时时被考评”的社会中，上学时被成绩考评，工作后被业绩考评。

很少有人因为过程的努力而被施加褒奖，但这并不代表我们不可以肯定自己。哪怕只是对自己说一句“你真的尽力了”，都会让自己感觉好很多。

第三，积极承认。

承认自己能力有限、世界不完美、没有完美的人和事，不是被动地接触，而是相信即使有所欠缺，依然可贵。即使最令人讨厌的失败，本身也蕴含着成功的能量。

年轻的时候，我们总会被各种各样的困难逼迫着成长，以为自己无所无能。随着年纪增长，随着与这个世界的交锋次数变多，我们慢慢开始承认，有些事情，自己就是不擅长，不必强求。

积极地承认不完美的存在，不会让一个完美主义者变得消沉，反而会让他们更清楚地读懂自己，将时间与能量花在那些真正值得做和能够做好的事情上；积极地承认一个人的不完美，不会让你更多地看到人性的恶，而是在知道每个人都有缺点的同时，更能珍惜每一个朋友、亲人的耀眼之处。

承认与接纳不完美，是每一个完美主义者一生最重要的功课。

“必须”越少，幸福感越高

01

不知道从什么时候开始，发现自己有了这样一个习惯：一本书，不管多晦涩，只要抓过来看了第一页，就一定会看到结尾；一部电影，不管多无聊，只要看了第一分钟，也一定会撑着看完。

这样的习惯逼着自己看过了很多无趣但有用的书，也莫名其妙地看了许多不被很多人喜欢的电影。与此同时，我也比其他人多了许多不那么愉悦的读书和观影体验。因为这样，我会觉得如果自己可以适时地放弃，可以有更多的时间去读自己想读的书，看想看的电影，哪怕用这些时间去睡觉也好。

朋友说我是“强迫症”，确实是有一点，因为我发现自己这样的坚持背后有一个认知——凡事必须圆满，不可半途而废。早已经忘了这样的意识是父母还是老师在小时候培养出来的，但结果就是这一点渐渐内化成为习惯，不曾察觉却一直在执行。

大概每一个人的内心，都有这样的“必须”，可能是在大事上的坚持，或是在某件小事上的不肯放弃。比如和别人吃饭，必须是自己埋单，否则会觉得差点什么；所有的包必须是名牌包，否则会觉得颜面扫地；交的朋友必须是比自己厉害的人，否则会觉得是浪费自己社交的时间；朋友之间必须相亲相爱，事事妥帖，否则就不应该做朋友。

这样的“必须”究竟是好是坏呢？是带着自己追寻到了某种特定的目标，让自己成为更好的自己，还是无形中为自己加了一个“必须”的套子，让自己不得自由？

02

想到一个朋友，曾经是“30 岁之前必须结婚”的忠实信奉者。于是，她在 29 岁那年疯狂地相亲，后来和一个“合适”的男人结了婚。结婚之前，她很清楚，对方比自己小，又对母亲言听计从，她的家人和朋友都劝她再考虑一下。她却说：

“我都 29 岁了，哪还有时间考虑清楚？”直到现在，我依然记得她当时焦虑的神情和非嫁不可的急迫。

难道年龄真的会变成悬在头上的一把刀，如果不嫁，真的会被通往未来的航船狠狠地抛下？再后来的故事是，朋友如愿嫁人，也过了几个月自觉可以短暂喘息的日子，“在 30 岁之前嫁出去”这个心愿完成，像是一块石头终于落了地。只不过好景不长，老公的“妈宝男”体质愈发明显，虽然两个人有自己的房子，但老公还是要回去和自己的爸妈住，他觉得和父母在一起才觉得安心，甚至两个人看电影的时候都要带着婆婆一起。

婆婆也借着疼爱儿子为名，对她这个儿媳妇百般挑剔，抱怨她不会做饭、周末还要出去玩、浪费钱买化妆品等。最糟糕的一次是，在婆婆的指责下，老公非但没有为她解释，还动手打了她。这一次动手，终结了两个人的婚姻。当初那个坚信 30 岁之前一定要结婚的姑娘，最终在 30 岁这一年离婚了。

“30 岁前结婚”成为一种必须是从什么时候开始的，应该没人知道，但是它却实实在在地引发了太多人的焦虑，也造成了朋友这般的悲剧。

03

可是，人生究竟有多少“必须”是真的必须完成的呢？

同样是“必须”结婚，那些在30岁没有结婚，甚至一辈子都没有走进婚姻的人，一样可以过得热烈滚烫；同样是“必须”考上一个好大学，那些没有上过大学，学得一门专长的人，同样享受着生活的快乐和满足；同样是“必须”挣钱，有人忙着扩张生意，也有一些人守着自己的小店或是潜心打磨着自己喜欢的技艺，获得别人的尊重。

越来越发现，那些驻足在脑海的“必须”，不过是见到的世界太小，不过是认定了一件事就不肯转弯，不愿回头。常常听到有人争论，我们究竟是应该折腾着过一生还是安稳地活，人生究竟有没有一定要完成的“必须”清单？这种争论常常让双方面红耳赤，又始终没有结果。因为每个人对生活的理解不同，做出的选择自然也会不同。

04

美国著名心理学家阿尔伯特·埃利斯在论述自己理性情

绪疗法时说，人的坏情绪并非来源于究竟发生了什么事，而是决定于你如何看待这件事。而真正导致自己焦虑和愤怒的是一个很重要的认知——“必须”认知。大概是因为凡事很难有绝对，所以，一旦脑海中被刻入“必须”二字，就很容易走进认知的死胡同，让自己情绪受扰。

这个“必须”可能是针对自己的，比如，“我必须优秀”“只要是比赛，我就必须赢”；

这个“必须”可能是针对别人的，比如，“大家必须喜欢我”“必须觉得我是善良、可爱的”；

这个“必须”也可能是针对客观世界的，比如，“我决定周末出去玩，就必须阳光灿烂”，或者“我的生活必须没有困境，要一路坦途”；

……

这些固执的“必须”，最容易将我们带入自怨自艾和自我怀疑中，也最容易侵蚀我们一路追求的幸福。幸福几乎是每个人生活的主题，不管是赚钱改善生活，还是实现自己的梦想，终点往往都是某种幸福感的实现。可是幸福感就像影子一般，你跑，它也跑，如果你愿意调整自己对幸福的理解，少一些为幸福所施加的条件，轻轻转身之后，幸福还是像影子一样，但不再是你跑，它也跑，而是它就在你的身边。

减少内心的“必须”，有两个建议。

第一，不断学习，扩大认知。

读书和旅行是认识世界的重要方式，但身处互联网时代的我们，认识世界的方式又何止是这两种？尽可能地扩大自己的认知，不局限于某个具体的结论上，保持对一切的怀疑和接纳，自然就不会像原来那样固执地认为什么事情都是“必须”。

第二，放下自己，学会倾听。

我们总是在说喜欢表达的人太多，喜欢倾听的人太少。倾听不只是身体前倾、注视对方，而是在心里放下自己固有的观念和认知，真正去理解对方所表达的意思。每一个人对世界的理解，很多都是出于自身的经历，自然也会有属于他的见解。懂得倾听的人，可以有更多的角度来看到世界。

大多数的时候，那些打破“必须”的瞬间，都是你走向理解、包容以及更新的世界的开始。你会发现，哪有那么多必须，不过是自己的执念而已。

承认自己不够好以后，整个世界都好多了

01

无论刻意与否，我们每天都会花上许多时间与“我不够好”这种感觉进行斗争。比如觉得自己不够漂亮，花时间在化妆、穿搭、护肤和减肥上；觉得自己不够有钱，哪怕睁眼的那一刻对现在的工作厌烦不已，也会挣扎着从床上爬起来，开始一天的战斗；觉得自己懂得不够多，在拥挤的地铁上也不忘听着音频的课程，或是在手里捧着kindle（电子阅读器），不愿意浪费一点时间。诸如此类的事情，在生活中还有很多。深层次地分析，我们做的很多尝试和努力只是在回应内心“我不够好”的声音，想让自己变得更好一些。

“不够好”这三个字折磨着很多人。记得看过一则新闻，一位23岁的女孩因为整容失败而跳楼身亡。女孩的名字叫小

慧，长相甜美，是一个小有名气的主播，有自己的粉丝，也有不错的收入，但小慧对自己的样貌不满意，选择了整容。小慧的整容手术最后失败了，她对自己整容后的脸极度失望，把自己锁在家里，不再出门见人，而她的男朋友在小慧整容失败后也和她分了手。

小慧接受不了整容失败的现实，选择了自杀，幸亏被人救了下来。一年之后，小慧又爬上了一座18层的高楼，被负责救援的消防员救了下来并耐心劝导。第二天的凌晨，小慧再次选择了自杀，这一次，小慧没有被人救下来。一切已然发生，无法逆转。

对小慧来说，“不够好”这三个字，让她付出了生命的代价。对更多人来说，“不够好”让我们活在焦虑和挫败之中。

想到我的一个来访者蓝，她正处在一场战战兢兢的爱情中，不是对方不够好，而是她始终觉得自己还没有成为理想中的自己，怕自己不够好，配不上对方的爱。她也怕对方眼里所看到的都是不真实的自己，一旦“原形毕露”，对方便会头也不回地转身离开。

其实就我自己而言，也常常会这样，在一篇文章写到结尾的时候会觉得好像哪里不够好，或者觉得好像不是我想要的感觉；在咨询结束，送走来访者的时候，有时候也会问自己是不是哪里做得还不够好。

“不够好”这几个字很有意思，它不是“不好”，只是“不够好”，好像再踮踮脚，就可以摸到那个“足够好”。可是，如果你也被“不够好”折磨过，你就会懂得，那看似一踮脚就可以到达的距离，往往就是触不可及的。

02

为什么我们会觉得自己不够好？

除了受原生家庭教养方式的影响，还与以下两个原因有关。

第一，膨胀的自我。

是的，不是因为自我过于渺小，而是过于放大了自我。一个读者曾经留言问我：“我身边的人都很厉害，待在他们身边，觉得自己不够好，很自卑，该怎么办？”

我回复她：“试着把自己融进这个群体，把自己看作是团体里的一分子，你会发现自己与周围的他们是合作者。你们的关系是良好的，有这样优秀的合作者，你会很开心。如果把自己和团体割裂开来，过于强调‘我’和‘他们’，就容易形成比较和对立的关系。有比较，就很容易产生自己不够好的感觉。”

所以，觉得自己不够好，不是自我意识的缺失，而是过度地放大了“我”在群体中的作用，过度地强调了“我”的重要性。

第二，太过在意。

你在意什么，就会对什么格外关注，而对于你关注的点，常常会变成对自己苛刻的要求。

比如，每一餐都严格要求的美厨娘，会对自己偶尔失败的一餐耿耿于怀；一名成功服装设计师，会对自己负责设计的每一件衣服和饰品精益求精；重视社交礼仪的公关人员，会对自己不经意说错的一句话懊恼许久。

想要把事情做到最好，需要我们为自己的热爱负责，但是这种在意过度的话，就变成了对自己的苛求，反而会达到相反的效果。

03

不够好，那又怎么样？

生活里到处都有精彩之处，一个心理咨询师关于问题的解答也不是必然来自某个心理学的研究成果。就像觉得自己不够好这种感觉。我真正跟自己和解是因为一次写作课。讲师在课上说了一句话，他说："很多人常常纠结自己写得好不好，所以不敢开始写作。其实，那有什么可纠结的呢？你一定写得不够好啊！不然为什么没有得奖，没有成为畅销书的作者呢？"

这句话，我在心里记了好久。其实，不够好就像写作一样，有什么好纠结的呢？你本来就不够好啊，你一定不是最漂亮的那个，你也一定不是最聪明的那个，你甚至不是没心没肺而最快乐的那个，可那又怎样呢？

知道自己不够好以后，反而不再纠结自己还要怎么做才能变得更好，只努力地做到自己能做的就好；知道自己不够好以后，不再在喜欢的人面前小心翼翼，我一定不够好，你也一定有自己的缺点，说不定我们在一起刚刚好；知道自己不够好以后，看着镜子面前的自己长出的眼纹和变粗的手臂，会心一笑，跟自己说“是不够好呀，但也挺真实、挺可爱的”；知道自己不够好以后，不再担心别人眼里的自己是不是不够完美，不够优秀，我原本就知道自己不够好啊，有什么可担心的。

这些听起来很消极的表达，却容易让我们卸下盔甲，不再刻意武装出足够好的自己，而是放松下来，从别人的眼光中摆脱出来，做些自己真正喜欢的事情，或者只是发会儿呆，允许自己休息一下。

知道自己不够好，也知道世界不够好之后，你才会明白自己活着的每一天都是有意义的，因为只要用心一点、努力一点，明天就会比今天好一点。

我终于发现自己不够好，但这样，真的挺好的。

先完成，再完美

01

要么不做，要么做到最好。

完美主义向来是一把双刃剑，用得好，可以帮你达到旁人难以企及的成就；用得不好，也可能让你始终止步于开始之前，不知道怎样才能做到完美，所以始终都没有开始。

最近，一个来访者在咨询中说自己想要学习书法，他说自己为学习颜体还是柳体纠结了半年之久，笔墨纸砚都已经准备好，两位书法大家的字帖也买了回来，有时间就拿出来欣赏和比对，但始终都没有写过一个字。之后，他觉得自己哪怕用尽所有的时间也练不到两位大家的水准，最终决定收起准备好的笔墨纸砚，放弃了学习书法的打算。

这个来访者可以说是“要么不做，要么做到最好”的一个很有代表性的人。想到自己无论如何都无法成为书法大家，最后决定不再涉足书法领域。在我们的生活中，因为预感结果无法让自己满意而决定不开始的人，其实还有很多。比如，有些人想要写出一份让所有人惊掉下巴的报告，所以迟迟没有开始，到了不得不交的时候，才匆匆熬夜写出一份报告了事；想把自己的论文写得与众不同，查了很多资料也没有想到一个独特的观点，最后拖延着没有交论文；想在节日里做出堪比大厨的盛宴，看了很多菜谱和相关的视频，能做的，看不上，想做的，不是太难就是食材太贵，最后叫了一桌子的外卖。

类似的事情还有很多，相信大家都见过或是经历过。其实，完美主义分为两种，一种是行动中的完美主义，他们在行动的过程中不断苛求自己，一次次修改和调整，达到自己想要的完美；另一种是思想上的完美主义，他们会设想一个特别美好的未来，但设想得越好，越觉得实现的难度太大，最终决定放弃。大部分的完美主义者都属于后者。

02

因为完美，错过了美好。

看起来很矛盾的一句话，但是对很多完美主义者来说却是生活的真实写照。就像我的一个朋友，她一直都想要一次完美的旅行，也曾经为此做过许多尝试，但是每次出去的时候都会有各种不愉快的事情发生。有时候是旅伴不太友好，一直按照自己的意思安排行程，导致她错过了很多风景和当地的美食；有时候是航班的问题，动不动就晚点几个小时，毁掉了旅行的好心情；还有些时候是天公不作美，好不容易去一个城市，却日日下雨，只能躲在酒店里发呆。总之，她每次踏上旅程，都会遇到一些事情让旅行变得不够完美，久而久之，她的兴致大减，现在已经在“肥宅”的路上越走越远。

其实，从来都不存在完美的旅程，遇到大大小小的意外也是在所难免。因为旅途中会出现潜在的不愉快就拒绝出门，对于那些没来得及观赏的风景、没经历过的人和事，还有没品尝到的美食，岂不是大大的不公平？

回过头来，说说那位因为成不了书法家就拒绝学习书法的来访者。其实，学习书法的过程，除了要把每一个字写好，更重要的是领略书法本身的美，感受练习书法可以带给人的平和，体会充实自己的喜悦。因为成不了书法家就放弃学习，会错过这个过程中的很多精彩与美好。

出于上述的一些原因，我一直都不太喜欢“要么不做，要么做到最好”这句话，很多人信奉它，反而因为不可能做到最好，还没开始就放弃了。

在不做和做到最好之间，实在有太多的中间地带，不管你做了 10% 还是 20%，抑或 0.1%，相对于什么都不做，都会有更多的收获。哪怕是失败，都会有失败的经验，帮助你下一次获得成功。所以，不要因为想要完美，就放弃了体验和收获美好的机会。

03

做个“部分完美主义者”。完美主义者想要走出“不完美、不成活”的怪圈，可以尝试以下两种方式。

第一，先完成，再完美。

面对一项艰难的、不敢尝试的工作，先告诉自己，完成 60% 就好，之后，在这个基础上一点一点地推进。比如写一篇文章，如果开始的时候没有头绪，可以先“骗”自己：不能一下子写出一篇好文章也没关系，我先写一个草稿试试。

这个小小的“欺骗”可能会帮到大忙。如果你抱着写一篇好文章的期待，你可能还要挑选一个时间，再选一个好天气的上午，甚至要沏上一杯茶，等等。总之，一切都要准备得当，才配得上一篇完美的文章。如果你对自己说，我只是写一个草稿，你几乎可以在任何时间和任何地点里开始，可能是在等车的时候在手机的备忘录里，想到哪写到哪，或是在餐厅餐巾纸上写几句。这样不设限的开始，反而有可能迸发更多的灵感，或者说至少可以做到完成的状态。

第二，学会做一个“部分完美主义者”。

所谓“部分完美主义者”，是学会选择重点，在自己在意的事情上尽量做到完美，在其他的事情上，大可以放松一些。比如你是一个设计师，对自己的作品精益求精，这不仅契合工作本身的要求，也会赋予每个设计作品不同的意义。在自己的本职工作上追求完美，甚至是对自己苛求一些都无可厚非；但是在其他的事情上，比如晚餐的选择和周末的穿搭上，这些方面大可随意一些。

每个人的精力和时间都有限，能在自己在意的一件或几件事情上做到完美已然不易，处处要求完美最有可能造成的结果是处处平庸。就像文章开头所说，完美主义从来都是一把双刃剑，希望你用得好这把剑。

第四章

情绪自由

拿什么拯救一个无趣的人生

01

某个周末，和朋友小聚的时候，朋友说："为什么我觉得现在的生活过得无力又无趣？"

小而别致的咖啡馆，人与人的距离隔得很近，还未等我开口，旁边桌的姑娘转过头来，快速打量了一下我的这位朋友，迟疑了几秒钟，把头转了回去，没有说话，但眼神里尽是疑惑。

我和朋友心知肚明。姑娘大概想说："你这么漂亮，衣着看似简单，但明显是上好的材质和昂贵的品牌，宝马车的钥匙随意地放在桌子上，不是工作好、前途佳，就是有收入不菲的老公宠爱有加。一句'无力又无趣'，好矫情。"

我与朋友相视一笑，对她说："讲一个故事给你听。"

故事的主人公，我们暂且称她姝。姝是一个漂亮的姑娘，从小就生得像个美丽的瓷娃娃，是家中的独女。父母在四十多岁的时候才有了她，对女儿的出生感到异常欢喜。从小到大，只要是姝要求的，父母必定尽力满足。童话书、洋娃娃、漂亮衣服，应有尽有。姝不仅是父母眼里完美无缺的宝贝，也是邻里邻居都喜爱的可人儿。

后来，附近搬来了一家人，他们家有一个女儿，名字叫琳。琳和姝同岁，她没有姝天生的漂亮模样，却生性活泼，多才多艺，经常在院子里给叔叔阿姨、爷爷奶奶唱歌、跳舞，或者是背个儿歌，让大家欢喜不已，琳也赚足了大家的夸奖，经常收到大人们给她的一大捧糖果。

姝又羡慕又懊恼，虽然大家还是夸她漂亮，但显然更喜欢琳。更重要的是，某天她听到母亲对父亲说："刚搬过来的姑娘，嘴甜、人活泼，真讨人喜欢。"在姝的小小世界里，琳像个侵入者，分走了大家对她的宠爱，她开始缠着妈妈教她唱歌、跳舞。终于有一次，她鼓足勇气在院子里，给聊天的阿姨们唱了一首歌。

其中一个阿姨说："我们姝也会唱歌了，真好！"姝很开心。"不过，好像还是琳唱得更好听些。"另一个心直口快的阿姨接着说。姝当场就哭了。

从此，姝开始讨厌琳，只要琳喜欢的，她都不喜欢。

02

不久，两个小姑娘上学了。琳依旧活跃、惹人爱，和小伙伴们玩得很开心，而姝更像一个傲娇的公主，美则美矣，总觉得缺了几分生气，给人难以靠近的感觉。只有姝自己知道，她不是不想与同学亲近，只是内心觉得其他小朋友都会觉得琳比自己更有趣。姝不想被比较，更重要的是，她不想输给琳，所以选择远离其他的小朋友。

姝和琳虽然住在同一个院子里，虽然上学、放学都走同一条路，但她们从来都不会一起走。因为拒绝了与小伙伴的玩耍嬉闹，姝有了很多自己的时间，她喜欢读书，也喜欢听老师讲课，所以学习成绩很好，慢慢地，老师们越来越喜欢她，而琳的成绩则没有那么好，她也不太在意，每天玩玩闹闹的，很是开心。每次的考试成绩，姝总是能赢过琳。于是，她愈发喜欢学习，成绩也越来越好。

姝依旧不喜欢唱歌、不喜欢跳舞。是的，姝早已慢慢忘了，自己是怕输给琳，才不唱歌、不跳舞的，说是不喜欢，总是比承认做不到更容易。但是，学习成绩可以给她自信，老师喜欢她，同学慢慢也围着她转，她仿佛重新变成被父母、邻居宠爱的公主，只不过她越来越习惯守在这个被自己圈定的狭小空间里。同学约她跳皮筋，她拒绝了，她怕自己跳得不好，被同学说“你只会学习”；学校合唱团招人，她没有报名，她怕落选之后，面子过不去，更何况，她知道琳一定会去，而且一定比她唱得好；班上要出新的黑板报，老师问她要不要牵头做，她想了想，还是拒绝了，万一同学觉得她字写得不好，多丢人；姝依旧是老师眼中的好学生，她小心翼翼地维护着自己“胜利者”的姿态，只是舞台越来越少，空间也越来越小。

故事还没有讲完，朋友接着我的故事说了下去：“再后来，姝考上了好的高中，也考上了好的大学，毕业之后找到了好的工作，勤勤恳恳，任劳任怨，收入一年涨过一年。她知道，这是最让自己引以为傲的领地，不能丢，但她的生活里除此之外就没有了别的色彩。”

说罢，朋友对我说：“杉，我好像姝。”

我说：“是的，但我们每个人身上或多或少都有姝的影子。”

因为太害怕失败，我们都会小心翼翼地维护着自己“成功者”的粉色泡泡，抵御其他的新鲜事情，慢慢变得无趣；因为太渴望挣脱自己的舒适圈，却又缺乏勇气，所以显得无力。

03

我们身边可能都会有一个或许多个像琳一样的人，或许是邻居家的孩子，或许是班级里没法超越的同学。某一刻，在连自己都不知道的角落，他们可能就挫败了另外一个人或一颗心。这种挫败，发生越早，伤害越大。同时，每个人对挫败的理解和应对方式也不同。

塞内加说：“如何解释现实世界的意义，要看我们内在的诠释风格和方式。”对于姝而言，为了避免不可接受的失败而宁愿选择逃避，这便是她根深蒂固的信念。同时，她把自己保护得太好，安稳而舒适地待在自己熟悉的领域里，成绩斐然，却难免无趣。

阿德勒说：“每个人对自己或人生的解释都有一个观念，也就是一个生活模式，这会将他牢牢套住，虽然他并不了解这个观念，也不能分析这个观念是好是坏，但这样的观念会影响他的一生。”

这个观念往往在童年时期就已经形成，在一个人初次与这个世界发生碰撞的时候。比如，被父母溺爱的孩子，他会觉得自己是世界的中心，其他人都应该听从自己的意见。而被忽略的孩子，他经常会觉得自己做错事，不值得被人爱，不值得获得别人的喜欢。就像面对失败，有的人认为失败是生命的一部分，再正常不过；有的人则认为失败意味着不可饶恕，人永远不能失败。

对世界不同的诠释形成了不同的生活模式。那些认为生命重在经历与探索的人，敢闯敢试，活得鲜活，而那些认为生命重在结果的人，往往会活得小心翼翼，凡事没有十足的把握，绝不开始。这种比较、掂量、跃跃欲试，最终选择后退的人，一不小心就错过了很多精彩，生活愈发无趣和无力。

如果你现在的生活也陷入一成不变的循环里，试着回头检视一下，是什么问题让你走到了这里。试着一点点地突破，转个弯，让生活换个方向，之后会变得有趣得多。

你常常孤独，却从未独处过

01

我们先来思考一个问题，如果给你一个假期，不多，就一周。在这段时间里，你可以去任何想去的地方，做任何想做的事情，条件只有一个——只能独立完成，不能呼朋引伴。你的心情是怎样的？

是兴奋难耐，为自己安排好这一周的行程？还是对一个人的假期感到焦虑，不知道要如何挨过去？这两种情况大概可以体现一个人对于孤独的态度，有的人在孤独和寂寞里可以盖出一座花园，有的人则为此丧胆，落荒而逃。你是哪一种呢？

记得周国平先生曾经说过人在寂寞时的几种状态：第一种是惶惶不安、茫无头绪、百事无心，一心只想逃出寂寞；

第二种是渐渐习惯于寂寞和孤独，安心下来，建立起生活的条理；第三种是让寂寞本身成为一片诗意的土壤，一种创造的契机，诱发出关于存在、生命、自我的深邃思考和体验。这三种境界，你想成为哪一种呢？

孤独似乎是当下的时代病之一，所有人的生活越来越忙碌，科技发展得也越来越迅猛，只要一台手机，足不出户就可以完成生活所需，孤独反而成了不可避免的事情。

常常会听到一些抱怨孤独的声音，比如，下班之后，一个人回到家里，屋子里空空荡荡的；周末的时候，室友都出去玩了，只剩下我一个人；过生日的时候，只有自己一个人，一个蛋糕，一杯酒……

这些都是我们常常谈到的孤独的瞬间，但是孤独和独处又不一样，而且很多人其实都没有真正地独处过。那真正的独处是什么样的呢？

我试着给它下一个定义：真正的独处并不限于你是一个人还是身处人群中，但是你的思想和精神应该是独立而丰满的，内心可以让你安然地探索世界，而不需要从外界寻找某种救赎。真正的独处是平静的，是整个世界只有自己，可以任由思想飞扬，可以享受与世界融为一体的快感。

大多数的人害怕孤独，一旦世界只剩下了自己，便觉得惊慌失措，坐立不安，仿佛被这个世界抛弃。所以，害怕孤独的人，当只有自己的时候，他会开着电视，任由肥皂剧来填补空荡，或者在手机里的社交软件里，随便找一个人，然后把对方拉入自己的世界。无论如何，只要不是一个人就好。

想到一个朋友曾经说过，每天下班，老公还没有到家的那几个小时，是她一天中最难熬的时间，剩下自己一个人面对整个屋子，无论做什么，都觉得没有那么安心和舒适。我们有多少人如她这般，几乎不能面对片刻的独处。

曾经有一个来访者，在咨询中常常让我务必多提问，因为一旦出现我和他同时都不说话的时刻，他会惊慌到出汗，甚至连手都不知道放在何处。那几分钟的沉默，对他来说几乎是一种折磨。

我曾问他："这段时间里空白对你意味着什么？"

他说："有一种溺水的感觉，喘不上气，想拼命挣扎着上岸。"

不知道，你是否也有过这样的感受？

02

不是所有人都害怕孤独，有的人甚至会主动选择孤独。

鲁豫采访杨丽萍，问她："活成神话的人，会不会很孤独？"

杨丽萍答道："一个人在最安静的地方，你感觉水也是你的伴侣，云也是你的头发，这不孤独，一点都不孤独。"她在自己的"月亮宫"里，有美景与静谧陪伴，美得丰盈。

为什么有的人在孤独中可以泰然处之，而有的人却会立马慌神？因为面对孤独其实是一种能力。这种能力的获取过程甚至有些奢侈，并非人人皆可具备。

英国心理学家唐纳德·温尼科特曾经写过一篇文章，探讨独处的能力。他认为一个人是否具有独处的能力，是建立在一种体验上——孩子在母亲在场的情况下的体验。每一个孩子在生命早期，尤其是5岁之前，都离不开对母亲或者养育者的依恋，这个时候，如果孩子的内心感到安全，不担心母亲随时离开自己，他就会在母亲的陪伴下开始探索这个世界，比如，摸一摸屋子里的椅子或杯子，摆弄一下手中的玩具，或者参与其他小孩子的游戏。

孩子完成这一切并不需要母亲的参与，但是他知道，如果需要，母亲就在身边，他可以毫无顾忌地玩耍。这种经验会带给孩子两个非常宝贵的礼物，一个是安全感，另一个是关于“我”的自我意识。

当孩子慢慢长大，他不再需要母亲在身边，但是在他的内心，已经内化了一个良好的客体，他会觉得安全。也就是说，一些善于独处的人，他们内心觉得安全，很大程度上取决于他们的内心住着一个让自己安全的客体。另外，因为在母亲的陪伴下，孩子是放松的，他可以充分地体会什么是“自我”，我想要什么，我喜欢什么，我触摸身体是什么样的感觉，这些都帮孩子确认了一个基本的问题——我是谁。所以，独处时的他不会觉得慌张。

温尼科特解释说：“独处能力建立的基础是个悖论，也就是说，它是有其他人在场时，一个人独处状态的一种体验。”所以，我们其实又说回一个老问题，独处的能力其实来自原生家庭中是否获得安全的依恋关系。因为无法回溯，更没有办法重新选择，所以我说独处的能力其实是一件奢侈品。

一个没有获得安全依恋的人会怎样呢？他会形成一个假性自体，所谓假性自体，就是包裹自我的外壳，柔软且可以随意切换。这个外壳可以敏感地察觉外界的一切需求，并且适时地切入、补充或满足，变成任何外界想要的样子，只不过他很少或不敢去看自己内心真正的需求。他会把外界的需求当成自己的需求，把外界的期许当成自我的目标，把让他人开心当作自己生活的准则。他可温和，可体贴，可优秀，但哪一个都不是自己。

03

如果你不会独处，应该怎么办呢？

把某种能力归结于原生家庭和早期的成长环境，总不免让人绝望。如果不曾被人好好照顾过，如果当初没有与母亲或其他人建立起某种安全的依恋关系，我们该怎么办？

我想到了四个字——被动陪伴。所谓的被动陪伴，就像是你在看电视，妻子在做饭，你们彼此无言，但都知道对方就在那里；你在广场上散步，你不认识身边的任何一个人，但是你仍然可以获得安全感；你在图书馆学习，周围的人不需要与你交谈，但是因为这些人在，你会感到安心。甚至陪伴你的不必是某一个人或某一个群体，一首歌、一夜星辰、一片森林也可以，只要你身处其中，获得安宁和舒适就好。

这种被动陪伴是让成年的你重塑一个有陪伴、可以感到安全的环境，然后开始探索自己。这样持续一段时间之后，你或许不再需要一个特定的环境，因为你在这样的安全中已经慢慢找到了自己。

一个知道自己是谁、身处何地的人是不容易孤独的。无论你现在是否拥有关系亲密的人，你都需要一片这样的小天地，你可以在那里重新整理思绪，放下所有的社会角色，以喜欢的姿态和自己待在一起。

独处的能力对每一个人来说都弥足珍贵，因为这是你寻找自己的重要方式之一。

被愤怒消解的自由

01

自由从来都是一个充满吸引力的词语，它意味着没有约束，可以让人去想去的地方、见想见的人、做想做的事情，但是在更多时候，我们所体验的状态都是不自由的。

因为没有财务自由，所以必须朝九晚五地挤地铁上班，听从领导的安排，做并不喜欢的事，自由成了一种缥缈的想象；因为父母的限制，只能待在三线城市，做不喜欢的工作，自由是梦中忆起的词；因为孩子尚幼，教育基金、生活基金尚没有准备充足，用双脚丈量世界的自由也是一种连自己都怀疑的奢望。

上面关于不自由的理由都成立，但是在更多时候，不自由并非来自金钱的不充裕和家庭的羁绊，而是来自我们的内心。

记得曾经和两位朋友一起出游，其中一个朋友，一路上就如同愤怒的气球，随时准备爆开，喋喋不休地讲述自己的老板有多抠门和不靠谱，明明是正常的年假，申请的时候还百般不乐意。对我和另一个朋友不符合她的规则的行为也表示了不满，比如在某个景点待得太久、拍照花了太多时间，或是吃饭的时候没有完全按照她的心意来点菜。

因为在路边摊位买的手链比旁边摊位贵了5块钱，她也会骂大半天，觉得旅游景点太坑人。另一个朋友说她："出来旅游就是图个高兴，也不差这5块钱，何必这么较真呢？"

没想到这句话激起了她的另一层愤怒："就是你们这些人，什么都忍，什么都不计较，才让旅游区风气越来越差。"

那一次的旅行，因为旅伴的关系，大概是我记忆里感受最差的一次，好像每一处的美景和每一餐的美食，都伴随着她的抱怨和愤怒。回程的路上，我和另一个朋友不禁感慨：我们常常抱怨各种因素会限制一个人的自由，不管是钱也好，时间也好，可是在更多的时候，限制自由的就是自己。就像我的这位"气球"朋友，一说就怒，一点就炸，即便身体在路上，却因为被愤怒占据了内心，对周围的一切都充满了抱怨。

02

生活中，不乏像我的旅伴这样的人，或者在某一个生活的片段里，我们也像她一样，因为朋友的一句话而耿耿于怀，脑海里预演着与对方争吵的画面；因为客户的要求反复修改，即便迫于无奈，依旧照改不误，但心中的怒气久久难平；因为伴侣准备的生日礼物不称心意，怪他为什么总是不懂自己，却不知如何说起，只能自己一个人生闷气……

很多时候，我们心理上的不自由要比行动受限难受得多。因为这种挥之不去的愤怒情绪几乎占据了每一寸空间，不管你此刻身在哪里、与谁在一起、在做什么，甚至你的言行、下一步的计划或原定好的约定，都会因此而受限。这时的你必然是不自由的，因为你已完全被愤怒所控制。是的，你被自己的情绪所控制。

马克·吐温曾说过："愤怒是一种酸，它对储存它的容器的伤害大于对任何接触它的物体的伤害。"如果你作为那个储存愤怒的容器，必然不会感受到快乐，你的自由也被侵蚀着。

03

若要获得自由，学会与愤怒相处，有效地处理与解决愤怒是必修的功课。美国愤怒管理方面的专家罗伯特·艾伦说：“所有引发愤怒的原因，大部分都可以归于‘两不’——不公平和不够格。”

所谓不公平，是指自己受到了不公正的待遇，比如，我的旅伴对领导的愤怒来自她有年假要休而领导却不情愿批准。而所谓的不够格，是指别人的行为没有达到我们预期的要求。比如领导对下属愤怒，因为他的工作没有按标准完成；你对孩子愤怒，因为孩子没有如你想象般乖巧，或是成绩没有预想的优秀。

罗伯特·艾伦由此创立了自己的“制怒三部曲”。

第一步，识别诱饵。

你的愤怒来源，我们称之为使你愤怒的诱饵，如上所说，都可以概括为不公平或不够格。花一段时间，比如一周，记录下所有使你愤怒的事情，分析它们的原因，究竟是不公平还是不够格？

第二步，识别需求。

每一次的愤怒，表面上看是因为不公平或者不够格，深层次的原因是某种需求没有被满足。而最常见的需求通常分为两种，一种是尊重和被理解，另一种是物理或心理的领地被侵犯。当你被愤怒冲昏头脑，也许可以停下来问问自己，生气是不是因为别人没有给自己应有的尊重，或是这两种需求中的哪一种被侵犯了。还有一种可能是，二者同时受到了挑战。

第三步，满足需求。

当我们搞清了愤怒背后的真正需求，就不会轻易表达愤怒，而是着眼于如何满足需求。

比如，你下班回家，孩子攒了一天的话想和你说，作业也有问题需要你为他解答，但是你很累，只想安静地待上一会儿。孩子渴望和你交流，不停地和你说话，你会极容易愤怒，但这种愤怒背后的需求是你需要一段不被打扰的休息时间。当你意识到自己的这一需求，便可以对孩子说：“妈妈很累，需要休息一个小时，你先自己写作业，一个小时以后，妈妈就为你辅导作业。”这样简单的沟通，既满足了你的需求，也避免了一场不必要的愤怒和争执。

不是每个人都可以拥有随时做想做的事情、去想去的地方的自由。因为自由从来都与责任相关，没有纯粹、不含义务的自由，或者说物理的自由从来都不如心灵自由来得更坦荡和彻底。

心灵自由了，才是真的自由。与愤怒的和解，便是让心灵获得自由的重要一步。

不再无聊，却陷入焦虑

01

有两个朋友的故事可以分享给大家，一个关于焦虑，一个关于无聊。

朋友 A 是我在老家的发小，大学毕业那年，我远赴英国，回来之后一直都在北京，而她则早早嫁人，组建了自己的家庭。这些年里，每一次和她聊天，她都会劝我早点结婚，走上大家都很熟悉的那条人生轨道。可是后来和她的谈话里，她开始向我打听北京的情况，租房的价格怎样、交通是不是真的那么堵、雾霾是否严重等。几经逼问，她终于鼓起勇气对我说，她想来北京。

过了 30 岁、已经有两个孩子的女人突然要来北京重新开始，谁听到都会震惊一下。我以为又是一个因为老公出轨让她崩溃，进而需要新生的故事，甚至做好了回老家为她一斗到底的准备。没想到，朋友只是淡淡地吐出一句“什么都挺好的，就是觉得无聊了”。大学几年，我们看过了大城市的风景，梦想在家乡以外的土地上有自己的一片天，但是她最后选择了爱情，也顺从了父母的心意，早早地成家，过起了平淡的生活。

朋友这些年的生活没有大的波澜，结婚、生孩子、要二胎，一切都不需要父母催促，早早达标，就像当年学校里的优等生。随着两个孩子送进了幼儿园，她的生活得以喘息，却开始被“无聊”二字充斥。生活是可见的光明，两个孩子会健康长大，老公的事业会越来越好，小家庭的日子也会越来越红火。唯独她自己，守着看了几十年的小城市和一份可有可无的工作，这样的日子让她开始感到窒息，生出了想要离开的想法。

刚刚听完朋友 A 的无聊，朋友 B 的电话卷着焦虑的气息砸来。她在销售的岗位上一干就是 8 年，说得夸张一点，连呼吸都是焦虑的。销售的工作，大家都懂，完成了眼前的业绩，还会有一个更高的业绩目标在前面等着。市场会变，客户会变，唯独自己的努力不能变。每一次与朋友 B 见面或者打电话，听她诉说职业的压力与焦虑早已成为习惯。

恰巧刚刚还在听朋友A说她的无聊，我就随口问朋友B：“你压力这么大，图什么呢？有没有想过回老家嫁人算了？”

“我怕焦虑，可我更怕无聊啊！仔细想想自己走过的这些年，除了无聊就是焦虑，那些岁月静好、现世安稳什么的，哪里有过几天？”朋友B说道。

我一瞬间被惊到，我一个咨询师，竟然没她看得透彻。回想自己的人生，最能感到心烦意乱的时候竟然是高考结束后的那段时间。本以为自己有了一个悠长假期，没过两周，已经开始为第二天睁眼之后不知道做什么而感到慌张。

大概是这种记忆太深，上大学的时候，我就参加了各种社团，除了更多地感受生活，也有心底隐隐对无聊的害怕。再往后的日子，读书、工作、转行，紧锣密鼓，连无聊的机会都不曾留给自己。

你是否也有过这样的经历？整日抱怨着生活太过焦虑，却在风景如画的度假胜地，连一周都待不下去。恨不得赶紧回到工作中，让焦虑来得更猛烈些，或者整日感慨生活太无聊，偶尔跨出舒适区，却被前路的未知搞得焦虑不堪，恨不得高喊“让我在无聊中死去吧”。

如果你愿意静下心回顾，可能会发现这样一个事实：不管你现在年龄多大、存款有多少、身居何位，在你已经走过的人生里，焦虑和无聊大概占了你大部分的时光。这个结论听着有点“丧”，却是生活的真相。

02

关于无聊与焦虑的交替轮换，英国心理学家安东尼·斯托尔曾经做过一个很有趣的解释——因为人有想象力。乍听起来，这个说法实在有些不可思议，人类的想象力比任何其他生物都高级，哪怕是最聪明的类人猿，所表现出来的想象力也无法与人类相比。

想象力给人类的生活带来了太多好处，因为想象力，我们的生活愈发便捷，拥有了飞机、轮船这些缩短行程的工具，拥有了空调、热水器这些与季节抗衡的设施等。同时，想象力也带来了两个副作用：一个是我们永远都会去想未来没有发生的事情，我们都知道焦虑在很大程度上是由于对未来的不确定所引起的。所以哪怕现状尚可，哪怕眼下一切都是自己期待的样子，我们还是会对未来的不确定感到焦虑；另一个就是我们永远对现状不满足，哪怕出行时间相比过去已经缩短了不止 1/3，哪怕现在的房子已足以满足居住需求，但我们还是会寻求更快与更好。从某种程度上来说，因为拥有想象力，我们就有了焦虑的根源。

焦虑因想象力而起，似乎容易理解，那无聊呢？其实也是同样的道理，只不过是阶段不同。当我们感到焦虑时，常常是因为目标暂时没有完成。无聊是目标达成后发现不过如此，不如想象里所憧憬得更精彩，由此产生了无聊的感觉。

简单来说，我们因为目标未达成而焦虑，因为目标达成而无聊。所以，生活才会不停地在二者之间切换。

03

说到这里，总不免让人有些失望，难道我们就没有纯粹的快乐和单纯的知足吗？答案当然是肯定的，但是对我们大多数人来说，这种时刻是不多的。大部分的时间里，我们的状态就是在无聊与焦虑之中摇摆和切换。而你要做的是，选择自己更喜欢也更能接受的一种。就像我的朋友 B，她坚定地选择焦虑，因为她明白，相比焦虑，她更害怕无聊。

如果生命的底色已定，我们总得做点什么让日子加上“我”

的烙印，至少在注定的底色之上活出自己的风采。我试着寻找一些解法，暂且得出下面的结论：

如果你选择了焦虑，请一并选择热爱。探索与攀登的路上总是免不了的焦虑，但是热爱会让你心甘情愿地忍受这份焦虑，并在每一次精进与成长之后，为自己感到欢喜。

如果选择无聊，请让自己拥有在平淡生活中感到快乐的能力。给自己的生活增添尽可能多的色彩，在每天的菜色上做一些调整，周末和家人或朋友做些不一样的活动。哪怕每天都只是在家和公司的两点一线中生活，丧失了对生活的热情，也可以一点一点地做出改变。比如给自己换一个没有剪过的发型，买一些自己喜欢的小玩意放在家里，哪怕从换一条上班的路线开始。

如果你的生活一直在焦虑与无聊之间不停切换，我们需要学会适应这样的频率，找到自己在任何频率下都可以惬意生活的节奏。如此，生活便始终是值得过的。

我就是不喜欢压力，怎么了

01

记得玄子曾经有一次打电话给我，接通后还没来得及打招呼，一句“我就是换个工作而已，招谁惹谁了”就甩了过来，言语中的愤怒隔着手机都能真切地感受得到。

是啊，换个工作而已，能有什么大不了的？只不过别人换工作都是升职加薪，玄子折腾了一场，薪水比原来少了2/3。于是，玄子的选择招来了周围很多人的质疑。

前领导说她这是拿自己的职业发展开玩笑；同事们更是不解，不经意的“还真是不差钱呢”的言语中透着酸味；朋友们倒是出于好心，让她再三斟酌，毕竟她原公司的平台好、发展稳定，而新换的公司规模很小，前途不好估量。最让玄子觉得难过的是，远在外地的母亲也打来电话，质问她到底还要任性到什么时候。

玄子打趣地对我说："原本没觉得自己那么重要，换个工作，突然发现自己好像成了世界的中心，吸引了身边所有人的目光。可是，说到底是我换工作啊！"

是啊，不过是换个工作，不过是薪资比之前低，就要承担别人这么多的质疑，也是"有趣"。两个月前，玄子下定决心要换一份工作，原因是之前的工作压力实在太大，加班太多，常年的高压和失眠早已让她疲惫不堪。只不过想到自己在公司打拼8年，好不容易取得现在的成绩，实在有些舍不得。直到两个月之前的某一天，玄子下班回家，进门看到孩子弄在地上的玩具，本就疲惫的身体加上工作不顺心，她在那个瞬间崩溃了。先是发了一通脾气，之后竟然当着孩子的面号啕大哭。

是的，号啕大哭。玄子心里明白，满地的玩具不过是压倒自己的最后一根稻草，她真的需要做出改变了。当晚，她便和老公商量，想要换一份相对轻松的工作，老公原本就不想她那么累，欣然同意。原本在小家里达成一致的事情，却迎来了外面的风暴，这是玄子始料未及的。

玄子无奈地对我说："我不过想过得轻松一点，有时间和精力陪陪家人和孩子，究竟有什么错？”

我答道：“你没错，只不过社会的压力硬生生地把每个人都逼成了战士，而大多数的人，不喜欢在战斗的路上看到逃兵而已。”

02

战或逃，都是一种选择。每一次面对压力和威胁，我们都会面临两种选择，这是大脑早已写好的程序，就像出门选择往左走或者往右走，只是目的地不同罢了。你可以选择迎难而上，赢得想要的胜利；也可以选择逃避，不去经受压力的摧残。这其实都是一种保护，前者让自己内心畅快，后者让自己身体舒适，重要的是，你选择并愿意为此承担责任。就像玄子选择了低薪水和不明朗的职业前途，但是她做好了承担一切的准备，又有什么不可以呢？

我们身边不缺战士，社会也认同能够抗压的人，就像企业在招聘的时候，负责面试的人也会询问一下面试者的抗压能力如何。于是，在生活的战场上，我们习惯了披荆斩棘，一个人扛下所有的压力，然后继续向前。尤其是做销售的朋友们，每一次的成功都变成下一次挑战的开始，如此循环。

年轻人想要更好的生活，所以选择了大城市，也选择了工作量巨大的工作。无论是家人还是老板给的压力，都照单全收。太多的人、太多的现实因素让你去拼、去扛，而我觉得，逃也是一种方式，当然不是真的逃避，而是学会转弯，换个方向，也放过自己。生活毕竟不是真的战场，不必拼个你死我活，也不必一定要分出谁胜谁负，“逃”永远都是一种选择。

大概是我们受曾经的教育影响太深，读书的时候觉得成绩好就是对的，带着这种思维惯性，工作之后，认为薪水高、升职快就是好的。可是成年人的世界没有那么简单，它不是只有考试这件事，而是像一个完整的系统，家庭、事业、亲密关系、人际关系等都是这个系统的一部分。

你想要生活得很好，除了学会去拼、去争取，更要学会平衡和取舍。就像高考时，我们为了在最短的时间内拿到最高的分数，会主动放弃对自己而言特别难的题目，这个时候得舍是为了得。只不过随着时间推移，高考试题变成生活中更复杂的题目，而当初“逃”的智慧，我们是不该忘记的。

03

并不是压力越大，表现越好。辅导过孩子学习的家长们大概都有这样的体验，当孩子的作业做得不够好，考试成绩没有达到预期时，会给孩子更大的压力，总觉得他们就是太贪玩，没把全部的心思用在学习上。在这样的状态下，孩子去喝杯水，家长都觉得是浪费时间。这样的心思，必然会给孩子更大的压力，但不管是对孩子还是大人，更大的压力从来都不意味着更好的表现。

压力的“倒U型”曲线，向我们揭示了压力与工作表现之间的关系。在一定的压力下，工作表现会有所提升，而过大的压力只会让工作效率越来越低，对一个人的伤害也是具有摧毁性的。时间可以像海绵里的水，越挤越多，但压力却绝不是越大越好。如果可以在心态平和、环境优雅的状态下完成工作和生活的挑战，请一定要这样选择。提高效率的同时，还有益身心健康，何乐而不为呢？

纵使人类在长久的进化中也发展出强大的应激系统，可以帮助我们缓解压力，但压力研究专家罗伯特·萨波尔斯基提醒我们，强大的应激系统只对短期的危机有效，比如地震、恐怖袭击、车祸等，而我们大多数的时候要面对的是贷款、人际关系、职场晋升这些长期弥散性的事情，甚至有些难以定义的压力，它会导致我们失眠、身体虚弱、生病，甚至更严重的后果。

生活已然艰辛，又何苦再徒增难度？

04

在一个人人都把“努力”两个字挂在嘴边，铆足劲要冲上高峰的时代，迎着压力向前走并不是一件太难的事情，因为大家都这么做。

我们生活中的很多目标，只要有恒心坚持，总是会做到的。相反，选择暂时放松，享受生活的人倒成了异类。就像玄子的母亲劝她要拼，劝她要努力，不过是自己内心不安的投射罢了。母亲以为换工作是一种任性，而她只想要平衡自己的生活；朋友担心她换工作会毁掉职业前途，可是谁又能保证这不是人生的另一种精彩呢？

生活变化得太快，没有人能够预测明天会发生什么，所以，努力和拼命就是我们唯一能够握在手中的砝码。可是每一个人承受压力的能力不同，于你是清风拂叶，对别人而言可能是泰山压顶。所以，你不必为别人的不安买单。当有人带着自己的不安，劝你回归主流，实现人生价值时，你大可不必介意。

生活是自己的，要敢于选择和承担。这句话送给想要逃避压力却遇到重重阻碍的你。接不接受压力都是个人的选择，你不必照着别人的剧本演绎自己的人生，也不必指点别人的生活。

无论你在生活中怎么选择，祝你安心。

懂得与人合作，是消除自卑感最重要的方式

01

来访者郁走进咨询室，刚刚坐下来，便急不可待地与我述说着部门其他同事的“十八般武艺”，个个耀眼夺目。

同事A从5岁开始练习书法，写得一手漂亮的毛笔字，公司年会时狠狠地秀了一把，惊艳了所有人；同事B留学归来，不仅英语流利，还自学过德文，与外方客户沟通时为公司形象增色不少，整个人散发着舍我其谁的光彩；同事C文笔过硬、逻辑清晰，每次写出的文案清新又具创意，总能让领导眼前一亮；同事D虽然能力一般，偶尔还会拖部门的后腿，但对吃喝玩乐尤其精通，每次部门聚会，她总能安排得得体又特别，让大家玩得十分尽兴。

郁越说越起劲，对每个同事的优点如数家珍，眼神里充

满了羡慕和嫉妒，当然还有难以掩饰的失落。

“你呢？”我忍不住问。

“我只会工作，什么都不会。”郁扶了扶眼镜，沮丧地对我说：“所以，我特别自卑。”

“因为他们太优秀，让你显得特别平庸？”

“对。”郁回答得很干脆，我甚至能从这简短的回答中感受到她每天与这样的同事相处时内心的压抑与挫败。

“你喜欢你们的部门吗？”

“喜欢，也不喜欢。”郁回答得很小声，“喜欢是因为它够优秀，不仅业绩好，而且每个人都非常有活力；不喜欢是因为和他们在一起，几乎时时刻刻都在提醒我，自己究竟有多差劲。”

“你好像在无意间把部门的同事都放在了一个敌对的位置上，跟 A 比书法、跟 B 比外语、跟 C 比写作、跟 D 比谁更会吃喝玩乐。所以，你无论跟谁比，都觉得自己很弱，然后感到自卑。”

“是的，我想比他们都好。”郁坦率地说，觉得这样说有些不合适，马上补了一句：“虽然我也知道不太可能。”

02

郁的自卑，我们再熟悉不过，因为内心有一份对完美自我的期许，希望自己比所有人都好，一旦愿望落空，或者发现总有人比自己做得更好，她就会感到自卑。不知你是否发现，这种自卑包含着一种“我是世界的中心”的意味。

就像我问郁：“为什么你要比他们都优秀呢？”

郁很疑惑地看着我说：“难道不是每个人都这样吗？”

是的，每个人都渴望优秀，但程度不同，视角也不同。有些人的优秀里把“我”放在了一个至高无上的位置，而有些人的优秀里有“我”，也有“我们”。

有时候，那些自以为自卑的人，往往是最自恋的。他们会觉得全世界的目光都是在对准自己的。比如，一起聚会，别人都会盯着自己的穿着是否得体，言谈是否风趣；上台演讲，别人会紧紧盯着自己某处忘词的小错误。或者如郁一般，哪怕只是在部门工作，也会以为别人评价她书法一般、写作一般、外语一般。于是，她在不知不觉中生出对部门同事的几分敌意。

记得曾经有一个来访者告诉我，和同事在一起进行头脑风暴，他会紧张得手足无措，仿佛有一盏探照灯悬在头顶，来侦测自己每一处不得体的地方。他越想越害怕，以至于两个小时的讨论，他一句话也说不出来。而事实上，除了自己，谁又会那么死死地盯着你呢？

一个人过于看重“我”，就很容易要求自己没有死角，也希望自己拥有百般技能在身，可以碾压一切。这种对自我过高的要求，显然是超出实际，不可能达到的。所以，有的人很容易产生自卑感。

不仅如此，因为“我”的过度放大，很容易把同事、朋友、合作伙伴放在一个竞争与敌对的位置上。我们很难放下身段、平心静气地向自己的“敌人”学习，你可能为了保护自己小小的自尊心，选择与比你弱的朋友交往。这样一来，你的格局会越来越小，能力提升也越来越有限。客观上来说，这又会进一步加深一个人的自卑。

03

我们换一个角度来说，当一个人懂得合作，把“我”放在一个集体中，把自我看成是集体的一分子，变成“我们”，情况便大有不同。

有另外一个来访者，他刚刚考上国内著名的一所大学，曾经“学霸”的光环在一群同样优秀的同学面前黯淡了下来，他异常沮丧地对我说：“我是班里最差的一个。”

我反问他：“为什么你不能是最差的那个呢？”

来访者听我这么说，好像瞬间释然了，每个群体里都会有最差的一个人，而我们无论资质优劣，说到底都是凡人，谁都不能幸免。想明白了这一点，他便自然地从“我为什么最差”的死循环中跳脱出来，开始着手解决问题——我如何不做最差的那一个。

在解决问题的过程中，他不再抱着你们都比我强，都是我的“敌人”的这种心态，而是把班上的每一个同学都当成自己的资源，虚心和每一个同学请教，他很快便不再是最差的那个，而是班上最优秀的同学之一。

我们再来看郁的故事。如果郁不是过度地关注自己在部门里的平庸，而是把自己看成是部门的一员，就会看到另一个世界——自己所在的部门非常优秀，同事们不仅业务水平很高且各具才华。能够待在这样的群体中，对郁来说是幸运的。

不仅如此，郁很可能会发现，自己拥有非常好的学习资源，可以请同事 A 指点书法；请教同事 B 关于外语的问题；在写作上遇到瓶颈可以找 C 讨论；周末的时候可以请同事 D 推荐好吃的小店和有趣的活动。长久地相处下来，郁不仅可以收获工作和专业上的成长，也能在其他领域有更多的收获。转变心态之后，把“我”看成是“我们”中的一员，自卑感少了，各方面的进步反而多了。

在工作和学习上如此，爱情亦如是。阿德勒说：“在爱情中，人们所关心的是一项两个人的任务，由两个人共同担负的任务有它自己的特殊形式，如果只是把它当成一个人的工作，是没有办法成功完成的。要正确解决爱情中的问题，两人之中的任何一个人都必须完全忘掉自己而把自己奉献给对方，就像是必须从两个人的生命中铸造出另一个生命来。”

当我们以合作的姿态来面对爱情，便不会计较，究竟是谁在爱情中付出得更多或者谁比谁更优秀，因为两个人的目标是一致的——创造一个新的、共同的个体。同样，即使爱情在某天终结，我们也可将其视为两个人合作的失败，而不会过分苛责其中的任何一方。像这样在爱情中不比较、不排位，在爱情结束时，双方都不会责怪彼此，也不会过度自责，这样便消除了由此因爱情产生的自卑。

当我们懂得，世界上不只有“我”，更有“我们”，便可以从一个更大的范畴来认识自己，不过度强调，也不妄自菲薄，顺遂时心有感恩，失败时对自己说一声“重来”。

当我们真正意识到自己其实没那么重要，懂得给自己松绑，自卑感也自然而然地会随之减少。

让位事情，后置情绪

01

几天前，听朋友讲了一件工作上的事情。不久之前，她的一个下属，在某个项目的重要环节出了错，导致整个部门都得熬夜加班，朋友顾不上追责，马上和同事一起想办法弥补错误，想尽快把耽误的时间补回来。正当大家加班的时候，她需要找这个出错的下属对一下数据，结果没找到，问了一圈才知道，对方因为工作出错，心情很糟糕，下班之后回家处理情绪去了。朋友听到之后，气得差点骂出来。因为一个人的失误，部门所有人都在加班，他竟然回家处理情绪了。

这已经不是我第一次听到情绪影响工作的例子。比如，自己做的方案被领导驳回了，不是努力修改方案，而是先处理情绪。先找同事吐个槽，没什么作用，下班之后去买个包，逛了半天也没有买到喜欢的款式，更郁闷了，然后回家找老公发火，结果更加郁闷。至此，文案没改，包没买到，还跟老公吵了一架。

郁闷之后，经过一系列的处理，把郁闷的程度提高了3倍。所以，有时候处理情绪最好的方法，不是唱KTV，不是找朋友吐槽，而是着手处理事情本身。

想象一下，你去见一个很重要的客户，开车在路上被人追尾，对方丝毫没有道歉的意思并出口伤人，这个时候的你需要怎么做？是和他理论还是整理好心情，先去见那个重要的客户？

在我们的生活中，这样的选择几乎随处可见。情绪的自然流淌固然可贵，但有时候，不得不先集中心力处理眼下的事情，然后，回过头来慢慢消化情绪。

人在遇到事情的时候，发脾气是天性，但先处理事情是本事。谁不想开心就笑，不开心就哭，但是哭过、闹过之后，事情还在那里，不多不少，还平白给人留下一个情绪不稳定的印象，更是得不偿失。

尽管心理学家阿尔伯特·埃利斯向我们解释，能够引起情绪的不是事情本身，而是我们看待事情的方式，但是大多人的情绪依然直接受到事情本身的影响。比如，今天的工作没有做完，不管是娱乐还是休息都显得索然无味；因为领导批评了几句不甘心，怒怼领导，结果在公司之后的一个月都惶惶不安；孩子在你忙碌的时候，哭闹着非要买冰激凌，你没忍住动手打了她，愧疚的情绪也要延续很久。

大多数的时候，释放情绪不是不好，但成年人要懂得，任情绪随意游走的结果是，在释放情绪之后，仍然有一个烂摊子需要自己收拾。所以，解决事情更重要，事情处理好之后，那些因此引发的情绪可以随之消失或是减少。

李彦宏在百度的一次开发者大会上演讲，一名黑衣男子冲上台给他浇了一瓶矿泉水，场面一度非常尴尬。但是李彦宏极其淡定，他当时说："在 AI 的道路上，以后还有很多意想不到的事情发生。"

这个幽默的回应换来了全场的一片掌声，一场原本会很难堪的突发事件变成了免费的营销推广。不少人感慨：原来厉害的人，早已戒掉了情绪。因为那一刻的控制，变危机为机会，李彦宏原本要处理的情绪随着大家的赞赏烟消云散。

02

为什么我们遇到事情的时候总是以情绪优先？

虽然我们强调遇到事情不要以情绪优先，但这是人的本性，也因为我们大脑中原本就有两套系统在工作。

一套是热情绪系统。热情绪系统主要指的是大脑边缘系统，这套系统专门致力于对能够唤起情绪的强烈刺激作出反应，它会自动触发愉悦、痛苦与恐慌等情绪。热情绪系统在我们一出生就已经配备完毕，所以，婴儿在饥饿或者痛苦时，就会放声大哭。热情绪系统就如同弗洛伊德谈到的本我一样，它的反应遵循“快乐原则”，是自动的、无意识的。

另一套系统是冷认知系统。这个系统位于大脑前额叶皮层的中心位置，它是认识性的、复杂的，具有反思性，对未来的决策和控制发挥着重要作用。相比于热情绪系统的自然装载，冷认知系统发育得非常缓慢，在孩子上小学的前几年才会变得活跃，直到 20 多岁才会发育完全。所以，孩子通常更容易头脑发热、感情用事。

热情绪系统与冷认知系统的关系如下。

第一，热情绪系统比冷认知系统的反应快，这也是为什么我们遇到事情总是情绪优先。

第二，热情绪系统和冷认知系统是此消彼长的关系，一方活跃，另一方就会消沉。也就是说虽然热情绪系统的启动比较快，但是当我们调动冷认知系统的时候，热情绪系统会自然地冷却下来，让冷认知系统先处理事情。

03

如何做到先处理事情，再处理情绪？

既然热情绪系统要比冷认知系统启动更快，遇事先发脾气再处理事情就是一种近乎本能的反应，有没有什么办法可以让冷认知系统先发挥作用呢？

美国心理学家、棉花糖实验的创始人沃尔特·米歇尔提到过一个简单的抑制热情绪系统的方式——想象其他人会怎么做。当我们想象别人怎么做的时候，因为是在替别人做热情绪选择，所以自己往往会用到冷认知系统。比如，当你熬夜写成的方案被领导批得一无是处时，你本想冲进老板办公室大骂一通，或者直接跟老板扔下一句“我不干了”，然后留给老板一个潇洒的背影。但是，想象一下，如果这件事情是发生在同事的身上，他会怎么做呢？

这个时候，你脑海中的想法可能是先看一下老板的建议，是不是有道理；有没有更好的方案可以改进；距离明天重新提交方案还有5个小时，现在着手改的话完全来得及。你看，同样的事情，发生在自己和别人身上时，处理的方式会完全不同，通过想象别人会怎么做，你可以更快地启动冷认知系统，进入处理事情而不是单纯的处理情绪的状态。

还有一个办法是关注自己的身体感受。有时候身体不舒服、饿了或累了的时候，热情绪系统也会更加活跃。你一定有过这样的经历，因为一件小事莫名其妙地跟朋友发火，回头一想，只不过是当时饿了或者前一天晚上没有睡好。

美国加州大学伯克利分校的一项研究表明，微小的温差也会对暴力和侵略事件的发生概率产生巨大的影响。在射击训练的时候，如果训练房的温度改变，很多人的开枪次数也会随之改变。

简单的温度改变，都会影响人的情绪的改变。想要冷静一点时，把空调温度调低几度可以对控制情绪起到一定作用。除此之外，情绪激烈、情绪系统活跃的时候，补充一杯水，去吃一点东西，如果时间允许也可以小睡一会儿，这些都会达到让热情绪系统冷却的目的。这样，冷认知系统就可以出来工作了。

有脾气就发，有委屈就哭，是孩子都懂得的事情。如果能懂得适当地抑制热情绪系统，调用冷认知系统，无论对于人际关系还是工作效率，都会助益良多。

不焦虑体质

01

没有人喜欢焦虑，但是每个人都会为不同的事情感到焦虑。有很多文章在讲要消除焦虑，每次看到的时候，我都会觉得有些慌张。因为焦虑不是敌人，适度的焦虑，其实一直在保护我们，想要完全消除焦虑比没有焦虑本身更不可取。

一个人如果对自己的职业前景完全没有焦虑，他就会浑浑噩噩地度日；如果对信任完全没有焦虑，就会对别人轻易地许诺，不考虑自己是否做得到，最后失去所有朋友；甚至，如果对出行都完全没有焦虑，那这个人就会无视规则，影响别人。

人需要有所敬畏，亦需要有所焦虑，这样才能接受目标的指引和规则的约束，把生活限定在可控的框架下，获得一定程度的进步与安全感。当然，焦虑的程度过高，肯定不是好事。如果你的生活被焦虑掌控，凡事都加上一件“惶惶不可终日”的外衣，思考和行动都会因此受限。而有一些人，他们似乎可以很轻松地就把焦虑控制在适当的范围里，活得自在、不拧巴。这种人的身上有几个特点。

第一，具有稳定的价值观。

很多时候，人之所以焦虑是把太多外在的声音请进了自己的世界。如果你有自己的小世界和稳定的价值观，不会轻易被外界所动，焦虑自然会减少。

最近看女作家宽宽写她的大理生活，她是“逃离北上广”的人。宽宽曾经在北京最繁华地段里的写字楼上班，踩着高跟鞋，化着精致的妆，度过了10年的光景。在30岁之后，她和先生双双辞去了工作，带着两岁的女儿在大理置业，认真地安顿下来，到现在已经有了几年的时间。宽宽是懂得满足的人，收入比支出多一点，女儿能在自然的环境下长大，这就是她最大的期许。明确了这些，她便不贪恋城市的繁华与热闹，安心过起了诗和远方的日子。

近几年，“逃离北上广”的主题，每年都会热闹一阵子，有人蠢蠢欲动地想走，有人走了又回来。这番折腾，无不是因为内心价值观的摇摆，有时候觉得人生要享乐，有时候觉得大城市的成就与热闹也是必须，而宽宽是哪怕曾经身处热闹中也会与友人互相提醒要遵循本心的人。“不管以后平凡还是光鲜，永远不要成为虚伪、虚荣、胸无点墨、迎合世界的人，而要成为一个靠本事立足的人。”

移居之后，她终于可以不受打扰地写作，潜心研究东方美学。这样的生活，是曾经期许的达成。所以，她不纠结，也鲜少焦虑。

第二，行动力极强。

我见过很多焦虑的人，长时间处在这种状态里，却始终没有行动。有一个来访者来到咨询室，与我讨论是否要转行做一名培训师。几个月的咨询中，我频繁地听他讲述现在的焦虑。焦虑自己现在的工作是否具有前途；焦虑自己一辈子都无法做喜欢的工作，老来会觉得人生留有遗憾；焦虑自己像现在这样“苟且度日”，将来如何让孩子可以追求梦想……

他对自己的生活有各种各样的焦虑，以致面对自己现在的工作都无法全力以赴。在之后的一次咨询中，当我很认真地问他想做哪个领域的培训和为了成为一名培训师做过哪些准备时，他脸上的神情从焦虑变成茫然。

没错，如果你一直允许自己留在焦虑中，没有行动，焦虑就会一直伴随着你。我的这位来访者在这次咨询之后开始查资料，报了培训班，和那些有着同样志向的人组成互助小组，互相试讲。虽然他还没有从现在的工作中抽身，但是在开始为理想奔波的日子里，我看到他的焦虑在一点一点地散去，逐渐变成对目标追逐的专注。

其实，大多数的焦虑源于不可知，当你着手去触碰和了解的时候，焦虑就会自然而然地减少。我在读卡伦·霍妮的《我们内心的冲突》一书中，看到这么一句话："我们越是勇于面对自己的冲突并且努力寻求解决方法，就越容易获得内心的自由和更强大的力量。只有愿意承受打击时，我们才能掌握自己的命运。"对这句话，我深以为然。想要活得自在，不那么焦虑，躲从来都不是办法。躬身入局，解决眼前的冲突，才是最好的解药。

第三，目标清晰。

以我自己来说，活到30岁之后，加上做了心理咨询师，早就放弃了消除焦虑，拥有一个完美人生的念头。内心所想，是设定一个目标，然后拼力前行。在这段路上，不会一路坦途，但是会生出一种甘愿。因为甘愿，辛苦是可以接受的；因为甘愿，暂时的不顺利是可以忽略的；因为甘愿，周遭的声音是可以摈除的。

看过一个故事。有一个中年人，在自家门口盘了一家茶叶店，自己忙前忙后，唯独生意久久不上门。其他人看见他闲下来的时候就在门口晒太阳，显得一点都不着急。有人问他为什么如此淡然，他当时回答："我余生就想好好经营这家小店，与茶为伴。日子还长着呢，有什么可着急的呢？"

一个人如果看得足够长远，那他就会对眼前的困难和摇摆生出包容的心。有的人好像早就明白了自己想要什么，而有的人跌跌撞撞。始终找不到自己的方向。

02

对于选定自己的人生目标，我有两个建议：一个是尝试，是否喜欢和擅长，一试便知，看似成本高，但这是最快看到结果的方式；另一个是读书，书中有更广阔的世界，有别人的人生经验，看的书多了，焦虑和困惑都会减少很多。

大家应该都听过杨绛的那个故事。有个人十分崇拜杨绛，高中快毕业的时候，他给杨绛写了一封长信，表达了自己对她的仰慕之情以及自己的一些人生困惑。杨绛回信了，淡黄色的竖排红格信纸，毛笔字。除了寒暄和一些鼓励晚辈的句子外，杨绛的信里其实只写了一句话——你的问题主要在于读书不多而想得太多。

视野太小，想得太多，其实也是我们现代人焦虑的根源。我们不奢望消除焦虑，但总有一些路可以选择，总有一些方式可以借鉴，让自己的人生不至于因为承受过多的压力而丧失原本的从容。比如，做一个有稳定价值观、行动力极强以及有清晰目标的人。

吃掉自己的坏情绪

01

某天傍晚，收到好友叶子的微信消息：杉，我分手了，出来坐坐吧。

“好，你在哪儿，地址发我。”我来不及问缘由，抓起外套就出了门。坐在出租车上，我忍不住问叶子发生了什么，却只收到她“见面再说”几个字。

叶子和男朋友是朋友中的模范情侣，两人相恋 9 年，情定高中，一起从南方小城闯到北京。男朋友在一家大型的互联网公司，叶子也凭借名校毕业的履历在银行有一份稳定的工作。本该顺理成章走进婚姻殿堂的两个人却选择分手，实在让人有些摸不着头脑。

见面地点在三里屯的一个露天酒吧。叶子早已提前到达，妆容精致，穿着一身淡紫色的套装，完全看不出失恋的颓废和落寞。

“究竟发生了什么？”

“他喜欢上了一个北京姑娘，车房都有，他说对方能帮助他在北京稳定下来。”叶子轻描淡写地说。

“稳定？有车有房？这算什么理由？我怎么没看出来他还有吃软饭的潜质。”来的路上，我想了无数可能分手的理由，唯独没有想到她的男朋友竟然是为了在北京“站稳脚跟”，便将多年的感情扔在脑后。

“其实，我理解。算了，不说他了。我最近签了好几个大客户，这个月奖金应该不少；你快看，我新做的指甲，好不好看；同事说我胖了，最近得忙着减肥了；下个月有一个法语班，挺不错的，我想学，你要不要和我一起？”

不等我继续问下去，叶子忙转换了话题，活脱脱一个热爱生活的奋进青年。可是，这样的掩饰遮不住她眼中的那抹落寞与悲伤。我坐在叶子对面，看着她的“表演”，有些难受。有一瞬间，我特别希望手头能有一把锤子，去把叶子外面那层厚厚的、虚假的快乐外壳一点一点地凿开，好让悲伤任意流淌。

“你不难受吗？”没有接叶子的话，我有些不合时宜地追问。

“难受啊，怎么会不难受？可谁爱听你的难受，大家不都喜欢正能量的人吗？我不想变成到处诉苦的祥林嫂，也不会有人喜欢一个爱抱怨的人。”

叶子说得没错，人人都喜欢正能量，谁都不喜欢一个终日抱怨的人。可是，没有人能剥夺你悲伤的权利。她刚刚结束的是一段9年的感情，而且结束的理由那么让人心寒，难道不该等等那颗破碎的心，让悲伤的时间长一点，让心头的伤口得以复原？

不知道什么时候起，我们开始被所谓的正能量裹挟，连悲伤都开始遮遮掩掩。可是，坏情绪来了，你将其生吞硬咽。你的痛，真的就好了吗？

02

某天，一时兴起，在朋友圈发问：“当你伤心难过时，最讨厌听到的一句安慰是什么？”

短短一个上午，收到朋友们的近百条回复，得票最高的一句话是“别伤心，没什么大不了的”。朋友补充道：“明明那个时候，这就是大不了的，被别人这么一说，仿佛连悲伤都是多余的。”

还有一句，是我的一个来访者告诉我的，是“你要坚强”几个字。来访者说：“那一年，母亲因病去世。葬礼上，几乎所有的人都跟我说一句‘你要坚强’，开始没觉得什么，听得多了，突然有一种打人的冲动。尽管知道是安慰，但是特别想问问对方，我还不到20岁，你告诉我，我要如何坚强？真希望有人抱抱我，对我说，孩子，想哭就痛快地哭一场吧！”

有时候，人真的很奇怪，困了知道要睡觉，饿了知道要吃饭，唯独对于坏情绪苛刻至极，仿佛你在里面多停留一会儿都不可以。“别伤心”“要振作”“没什么大不了的”，这些安慰都在催促你尽快从坏情绪中逃离，仿佛我们真的拥有控制情绪的能力。可是，谁又能真正控制情绪，就连硬生生逼进去的眼泪都能把自己弄疼，不是吗？

你吃进去的坏情绪，身体都感受得到，它会在某天以更猛烈的方式表达出来。美国心理治疗师迪娜·吉尔伯森特写过一本关于情绪疗愈的书，名字叫《亲爱的，你为啥要和坏情绪躲猫猫呢》，书中提到一个概念——富有建设性的沉迷。

所谓的沉迷，意味着你允许自己去感受真正的情感，允许情感进入你的意识，允许它们以原本的面貌出现，而不是试图改变它们。而所谓的富有建设性，不是指你一味地沉迷而不作为，让坏情绪将自己吞没，而是以一种更积极的方式与坏情绪共处，她为此提出了“TRUTH”的黄金法则。

T：说出自己所处的状况。

一切从简，坚持从事情本身出发，说出目前所处的状况，比如“我感觉很糟糕，但我不知道为什么会这样”“我失败了，很伤心”等。不去评判，客观地说出此刻的感受就好。

R：意识到你现在的感受。

专注于当下的感受，告诉自己内心最真实的感受，比如“他的话让我伤心，我本来不是那个意思”。如果你正处于一种困惑的状态，你的感受就是困惑；如果你感知到某种悲伤情境，你的感受就是悲伤。

U：发现内在的自我批评。

很多时候，我们感觉糟糕是因为有一个内在的声音在不断批评自己。比如，我本来可以做得更好，但是大意了；我不应该那样想别人，我太敏感了。尊重自己的感受，检索出内在批评，会让自己轻松很多。

T：努力试图去了解自己。

当你了解自己的某种情感和状况，试着退后一步，问问自己为什么会有这样的想法呢？不管这个想法是好是坏，只需要给自己一个说得通的解释便可。一旦找到了某个理由或任何其他理由，就可以理解自己的想法，然后温柔地对自己说一些鼓励的话了。

H：真切地感受内心情感。

如果此时的你依旧为自己的情感感到痛苦，请允许这些情感存留在你的内心。如果你愿意，可以哭泣，可以说几句脏话让自己舒畅，可以找人倾诉，让内心真切地感受这些情感。

通过这样的方式，“富有建设性的沉迷”于坏情绪，不仅不会让人一蹶不振，反而可以让人更快地走出来。因为，当你不承认、不接纳坏情绪时，就会耗费自己很多的能量与坏情绪做斗争。相反，沉迷于情绪，会节省能量，让身体里体验与情感的部分真正联系起来，引领我们回到人生刚开始的地方，一种清清白白的状态。这种身心完整的状态会为我们应对未来积蓄更多的能量。

处理坏情绪，最好的方式便是如这般细嚼慢咽，你得允许自己慢慢咀嚼和消化。因为只有当我们屈服于自身的情感，允许这些感受流过我们的内心，治愈的过程才会开始。

第五章

过一个不累的人生

被压垮的你

01

我曾经做过一个小小的试验——关闭朋友圈30天。一直以来，陆陆续续会听到有朋友说想把微信的朋友圈给关了，原因不一。有的人嫌浪费时间给关了；有的人觉得自拍照发多了，为了防止自恋爆棚，也关了；还有的人觉得广告和宣传太多，最后也关了。而我之所以关闭朋友圈是因为好奇，想看看生活中少了这部分会发生什么。

30天的时间很快就过去了，原本以为自己的生活会因此失掉一大块，即使没有失魂落魄，至少也会若有所失。结果什么都没有发生，甚至在关闭朋友圈的第7天，我才想起自己已经关闭了朋友圈。想到原来无意识地看朋友圈所浪费的时间，我有些心疼。经过这次小小的试验，我发现自己没有想象中那样依赖朋友圈。

省下来的时间，或看书，或发呆，思考自己比关心别人更多了。原来睡不着的时候，我总是会拿出手机不停地看，偶尔碰到同样没睡的朋友，也会“同病相怜”地聊几句。现在好了，我关了朋友圈，睡不着的时候，放一点白噪音或者抓起枕边的书，看几页，然后就这样睡去。

关闭朋友圈还有助眠的作用，算是偶然的收获。

02

几年前，我曾经遇到这样一件事。那个时候的我还是个上班族，在下班回家的路上，我被一个长得毫无侵犯感的姑娘偷走了手机。走出几百米之后，我才反应过来，回去的时候，姑娘早已经没了踪影，我只能沮丧地回了家。

幸好手机支付在那个时候还没有现在应用得这么广泛，否则当时的我可能连回家都要困难许多。恰巧之后就是个小假期，很早就和姐妹们约好一起出游，没有时间再买一个新的手机。我用朋友的手机给妈妈打了电话，说了一下我的情况，然后“一身轻”地上路了。

没有手机的第一天，确实让我有些不适应，尤其是看着朋友们拿着手机拍照、发微博的时候，我只能在旁边看着，总觉得少了些什么。但是从第一天的晚上起，我开始产生一种轻盈感，不能再低头看手机，自然会对朋友说的每句话都更在意，也因为不能时刻拍照，就用眼睛更多地去看每一处的风景。更重要的是，除了一起出游的朋友，其他人完全找不到我，丝毫不担心旅途中被人打扰，为此竟然感到无限的心安。

这样的情况持续到之后的两天，我竟然开始喜欢没有手机的生活了，很认真地盘算自己以后有没有可能完全不用手机，或者晚一点再去买一个新的手机。虽然之后还是不可避免地让手机占据了生活中极其重要的位置，但我直到现在还会想起失去手机的那三天。

03

这两次的经历让我意识到，我们生活中的很多需求并没有想得那么夸张。在生活中，我们很多时候会觉得自己在负重前行，只不过是自己给生活本身加上了太多的“必须”和“不得不”，让面对生活的自己变得疲惫不堪，也无比焦虑。

网上盛传过一篇《月薪3万，还是撑不起孩子的一个暑假》的文章，文章中的高管妈妈算了一笔账：女儿去美国游学，10天的费用是2万元；女儿平时在家需要请阿姨照顾，5000元；每周要上两节钢琴课，200元一节，共2000元；游泳班2000元；英语、奥数、作文这三科培训班6000元，这几项加起来就要35000元了。

记得当时，这篇文章居然引起了妈妈圈的共鸣和焦虑，但仔细一看就会发现，这位妈妈把生活的每一个附加项变成了必须项，去美国游学、钢琴班、游泳班等都是必须。如果按照这个逻辑，这篇文章可以继续写下去并无限升级，《月薪10万，撑不起孩子的暑假》《月薪百万，撑不起孩子的暑假》……

让生活真正变得辛苦的，不是孩子的暑假，也不是月薪3万，而是一个焦虑的母亲，不知选择地把自以为最好的东西强加给孩子，压瘪钱包，最终也会压垮孩子。

物质越来越丰富，选择越来越多，带给我们的除了拥有选择的喜悦，更多的是不知选择的焦虑。就像那篇文章中的高管妈妈，在游学、钢琴、英语、奥数、作文中早已选不出哪个是必须，哪个是锦上添花，所以只剩下了焦虑。除了这样的情况，很多上班不久的年轻人，手里还没有什么钱，但是已经把奢侈品当成生活里必须拥有的东西，把自己扔到了消费欲望和干瘪钱包之间的冲突中，又怎么会不焦虑呢？

04

看过一本名叫《极简主义》的书，作者是两位30多岁的美国年轻人，他们曾经在贫困的家庭长大，坚信幸福和快乐的关键就是金钱。他们认为父母之所以过得不快乐，就是因为没有挣到很多钱，只要跨越那道可以随心所欲花钱的门槛，就一定会快乐。后来，他们通过努力做到了，年纪轻轻成为年薪6位数的企业高管，实实在在地享受了一把拥有金钱的快乐，买华丽的衣服、到处度假、购买价格不菲的电子产品和各种用不上的东西，但这些并没有给他们带来持久的快乐。

起初，他们以为是自己错估了对金钱的期望。于是，他们给自己的目标从开始的年薪5万美金持续上调，6万、7万、10万美金。两个年轻人一次次地完成了自己设定的收入目标，但并没有获得如期的快乐。相反，焦虑、压力、不堪重负以及抑郁接踵而至。最终，他们决定反向操作，扔掉家里 90% 的东西，只留下自己喜欢的和生活中实实在在用得到的东西。在扔东西的过程中，他们最终发现，人生最重要的不过是五件事——健康、人际关系、热情、成长和奉献。

健康自不必说，没有健康，一切都是空谈；哪怕有一天你真的过上理想的生活，一觉醒来，发现无人分享，也是一种悲哀，所以，人际关系也很重要；不管你多么富有，无所事事都会让人觉得沮丧，因此，我们需要找到自己持久的、拥有热情的事情；成长和奉献会联手构建一个人生活的意义——体会自己持续的成长，为他人做贡献。

第一次在书中读到由两个年轻人总结的这几件人生中最重要的事情，觉得简单而精辟，就如同他们奉行的极简主义。我们日日纵身在生活的洪流中，以为自己必须拥有很多东西，以为自己必须获得更多的东西，而真正能够构建稳定、快乐生活的，不过是这简简单单的 12 个字而已。

愿你，没有在无意义的“必须”里，疲惫了自己，模糊了方向。

想太多的人该吃什么药

01

你会不会常常有这样的感觉：脑子里想法太多，一刻都停不下来，很想按下思维的暂停键，让自己休息一下，但怎么都做不到。随便看到什么都会浮想联翩，从一朵花想到爱情、想到生命，想到隔壁的煎饼摊；忍不住想要区分真心与虚假，但越想越分不清楚；常常觉得孤单，别人都不理解自己；情绪起伏很大，常常莫名地开心，又说不清为什么坠入情绪的谷底。或者，常常听到别人对自己说：

“你就是太复杂了，简单一点多好。”

“别想太多，睡一觉就好了。”

“你就是太多愁善感了。”

“别想了，不是所有的事情都能想明白的。”

……

如果你也有这些感觉，那你可能是妥妥的“想太多星人”。法国心理学家克莉司德·布提可南给这类人起了一个名字——多向思考者。代表的是一群人通过他们的敏感，观察周围的环境，让大量又细琐的信息进入脑海中，使得大脑不停地运转，且大脑运作具有超高的效率且富含多面向的思考，容易造成当事人的心理情绪起伏动荡。

02

造成想太多的原因有很多。

第一，原生家庭带来的不安全感。

没有人真的愿意想太多，如果可以，一辈子简简单单、无忧无虑多好，但不是所有人都有这样的运气，他们不得不比别人想很多。比如，我的一个来访者讲到，大概在七八岁的时候，父母在她的面前开始经常吵架，互相指责。小小年纪的她，分不清谁对谁错，但为了家庭氛围的和谐，她近乎本能地当了家里的调停官。时刻紧张地注意父母的情绪，生怕谁又不高兴了，然后爆发一场家庭战争。因为过早需要顾及家人的态度和感受，要考虑很多，她不得不在只懂得伸手要抱抱的时候，就比一般人想得多。

第二，天生敏感的感受系统。

我们每个人都通过视、听、触、嗅来感知这个世界，但每个人感知到的并不相同。比如，同样一所房子，善用听觉的人会首先判断房子是否隔音；善用视觉的人会判断房子的装修、配饰和采光；善用触觉的人，更倾向于感知房间内的物品的质感和地毯的舒适度；而善用味觉的人，会首先评判房子是有烟味还是有甜甜的熏香。

每个人善用的感知世界的方式不同，程度也各有不同，有些人的感官系统更敏感，有些人的感知系统更迟钝。而对于多向思考者，他们的观察度、敏感度、感知度都更高，甚至可能是一般人的几倍以上。因为接收的信息过多，要处理的信息过载，自然会容易想太多。比如，同样是看到一个人皱眉，感官系统不敏感的人看到可能就直接忽略了，而感官系统敏感的人，可能内心早已心潮澎湃，自导自演了一场大戏：他是不是不喜欢我，是不喜欢我的穿着，还是刚刚说了哪句话让他不开心了；他是不是今天心情不好，是出门前跟老婆吵了架，还是身体不太舒服……

一个小小的皱眉可以演绎出数十种可能，也就难怪会想得多了。

第三，想太多，可能是以右脑思考的人。

我们都知道，人的大脑分为左脑和右脑。用左脑思考的人，善于线性思维，做事讲求方法和步骤。他们擅长分析，喜欢把整体的事物分割成单一个体，喜欢循序渐进地处理问题。大多数人都是以左脑为主导来思考的，大约占人群中的 70% ~ 85%；而剩下 15% ~ 30% 的人，属于右脑思考者，以右脑思考的人习惯享受活在当下的喜悦，他们倾向于凭借感官接受信息，相信自己的直觉和本能，思维模式会像树枝般发散开来。

在这一点上，最典型的要数达·芬奇。达·芬奇习惯把每天要做的事情记录下来，比如 1496 年的一天，他写下这样一段话。

今天我要做的事情有：画一幅米兰全城图；去米兰和周边的郊区采风；找一个数学家给我讲讲三角形的知识；找一

个水利学家，告诉我怎么去修建一条运河；去研究一下鸟的翅膀，看看它们飞行的奥秘。

仅仅这一天的事情就包括了绘画、旅行、数学、水利和生物学这五个方面，可见他的思维有多发散、多跳跃。

03

无论是因为先天思考方式、感官敏感程度的不同，还是后天原生家庭环境的影响，想太多的人总是不可避免地拥有着这样一些特质。

第一，极为敏感。

因为对于世界的敏感，他们比其他人更容易感到变化，而在别人看来微不足道的变化，在他们眼中关系着生命的变迁和岁月的改变，抑或命运的无奈。

第二，同理心强。

他们更能敏锐地捕捉到别人的情绪，不管是开心的，还是不开心的，这是好处，也是坏处。好处在于他们通常可以倾听别人的痛处，给予共情的回应；坏处在于这一点会让自己极为疲惫，因为过多地感受到别人的情绪，所以会不自觉地按照别人可能高兴的方式行事，这样很容易失去自我。

第三，喜欢独处，害怕人群。

因为太过敏感，常常在人群中觉得无所适从，尤其还要不自觉地照顾别人的感受。相对于和人相处，他们更愿意选择自己独处。

第四，追求完美，容不得瑕疵。

想起张国荣曾经说过的“在别人眼里100%的好，在我这里只有70%”，对于想太多的人来说，敏感既是财富，又是魔咒。因为敏感，他们会比别人更多地感受这个世界的好；也因为敏感，他们异常挑剔，对这个世界的不好，有着强于他人数倍的觉察。相比于很多可以得过且过的人，他们更容易感到沮丧。

我曾经接待过一个来访者好，她就是这样的人，看到星空，会想到生命的尽头；看到鸟儿独自飞过，就会悲伤起来。因为太敏感，每一次出门和朋友聚会，在期待之外，她会感到害怕。期待见到好朋友，但她也清楚，只要和别人在一起，她就会忍不住考虑别人的想法，过度照顾别人的感受。聚会之后，她会感到自己特别疲惫，一个人要在家待上很长时间才能缓过来。妤对我说："只有待在家里的卧室里才觉得安全，连客厅都觉得没那么踏实。"

这位来访者是典型的多向思考者，敏感、共情力强、容易为他人着想。我们的身边有很多这样的人，或许你就是多向思考者中的一个。

04

总是容易想太多，还有救吗？

想太多的人经常会感到疲惫，就像我接待过的其他来访者说"我的大脑就像是高速公路，我想让公路上的车跑得慢一些"，或者是"如果大脑有插销就好了，我可以拔掉插销，让自己休息一下"。

如果你凡事都想得太多，那学会适应、接受、与它共处是最好的方式。可以帮到你的有以下几种方法：

第一，尝试给大脑的信息分类。

在不同的时间段里，为自己的大脑规定一个思考中心。比如，这段时间是通过考试，过段时间是健身减肥。当然，还有一段时间要专注于休息和放松。

有了思考中心，在别的想法冒出来的时候，就要刻意喊停，你甚至可以给那些肆意冒出的想法命名。比如命名为杰克或者小静，当这些想法冒出来的时候，可以对它们说："杰克，现在你休息一下。"

第二，用美好回忆替换。

让想太多的人最受折磨的是，曾经那些失败、遗憾和沮丧会一遍又一遍地出现在脑海里，像电影一样不断回放，他们只能重复感受那些负面的情绪。所以，你需要给自己准备一些美好的回忆，比如最让你开心的一次旅行，与爱人最深情的一次拥吻，听到孩子出生时第一声啼哭的兴奋等。在被负面情绪侵袭而感到不堪其扰的时候，用这些美好的记忆进行替换，可以迅速地改变当时的心境。

第三，让自己忙碌起来。

这个方法简单粗暴，却非常有效。想太多的时候，就去工作、运动、看画展，做自己想做的事情。忙起来，自然不会有时间想那么多，被折磨得疲惫不堪时，这也相当于一种休息。

最后，愿所有想得太多的人，既能好好享受自己的特质，又能与自己好好相处。

活得最累的人，都是“骑墙派”

01

和朋友小聚时，已经小半年未见的她，给了我一个巨大的惊喜——她已经怀孕，肚子里的宝宝已经3个月了。即将迎来新生命，当然是让人欣喜的事情，我连忙恭喜她。没想到，朋友却愁眉苦脸地说着宝宝将会给她的身体、精神和经济上带来的三重压力。比如，有了宝宝之后，她再也不能随意地出来和朋友吃饭、看电影，来一场说走就走的旅行了；原本准备在职场上再拼一把，但现在只能任由这个宝宝占据自己所有的时间了；原来不管开不开心，都能买个背包犒劳自己，现在就不能那么随意了……

如果她肚子里的宝宝听得懂这些抱怨，不知道还有没有来到这个世界的勇气。我听着她的抱怨，看着她隆起的小腹，问她："这个宝宝，是你和老公商量好的吗？"

"当然是啊！"她答得很爽快。

"既然是商量好之后才做的决定，养育一个孩子所要耗费的心力和时间，要改变的生活状态，要做好的财务保障，这些你都想过吗？"

"想过，但是心里仍然有许多的不甘。"

我喜欢朋友的坦率、真实、不遮掩，但在心里也想到三个字——骑墙派。所谓"骑墙派"，就是总想占着生活里好的部分而不愿承担坏的部分，坐在墙头，拼命做着权衡，却始终找不到最优解。

"骑墙派"最常见的结果有两种，一种是做出了选择，但有数不清的抱怨。就像我的朋友这般，总觉得生活怠慢了她，不能在拥有宝宝的同时肆意地享受人生。

还有一种是骑在墙头，左右观望，始终做不出选择。比如有些人想要创业，又舍不得体制内稳定的工作；想要结婚，又舍不得当下的自由；想要瘦下来，又舍不得眼前的美食吃不到嘴里。所以，只好持续观望、挣扎和纠结，但始终做不出选择。

02

这两种结果，无论哪一种，都注定活得辛苦。辛苦在于他们花费大量的时间寻找一个完美答案，却始终不明白，这个世界没有什么完美，无非是你要选择承担哪一种辛苦。

我曾经和一个来访者就“是否需要做饭”的问题展开过讨论。

她说：“不想一直吃外卖了，想要做饭。”

我说：“好。”

她说：“可是做饭好麻烦，要买好多东西，还要看菜谱，一点一点开始学。”

我说：“你可以约厨师上门来做。”

她说：“可是，想想自己做饭还是有很多好处的，自己最知道自己的口味和喜好。”

我说：“那就学起来。”

她说：“可是，做饭好麻烦，好辛苦。”

……

我们的讨论，就这样进入了一个死循环，她一方面想要享受做饭的好处，一方面又不想承担做饭所带来的辛苦。所以，这以后的每一天，她依旧点着外卖，吃着嘴里算不得美味的食物，思考着究竟做不做饭。就这样，日复一日地纠结着。

这样的人看似按兵不动，云淡风轻，其实内心正上演着一出又一出的大戏，比谁都辛苦。吃着嘴里的外卖，想着自己要是会做饭就好了；埋怨自己怎么这么懒，连饭都懒得做；看着朋友圈里晒出的美食照，想着要是能像他们那样就好了……

千万种思绪涌上心头，实在不比做饭本身来得轻松，这就是“骑墙派”的日常。但无论如何，做饭都算一件小事。若是只以填饱肚子为目标，一碗泡面或一份外卖就可以解决，无非是口味好坏的差别。可对于“骑墙派”来说，有些事情的折磨可以称得上旷日持久，比如工作的选择。

朋友曾经给我讲过一个自己的故事。几年前，有一个非常好的工作机会摆在她面前，公司老板亲自跟她谈，连录取通知都直接发给了她，薪水、职业发展前景都很不错。唯一的问题是公司离她住的地方比较远，要比现在上班所用时间多花半个小时。

她很犹豫，想着多半小时路程，就意味着每天上下班要多花一个小时的时间，也意味着每天要少睡一个小时，或者少了一个小时读书或者化妆的时间，始终没有下定决心。最后，她因为多出的半小时路程，纠结了一个多月，终于把对方公司的耐心消磨殆尽，对方公司决定录用新的候选人。

朋友每次想起来的时候都后悔不已，想不通自己当时为什么会对多出来的半个小时车程那么介意，丢掉了一个让自己的职业生涯更上一个台阶的机会。我打趣地对她说："谁让你当初的梦想是钱多、事少、离家近。"

03

写到这里，你可能看出来了，其实"骑墙派"背后都有一个贪心的灵魂，想要所有的好，又没有做好准备承担那些好处背后要付出的代价。就像那个怀孕的朋友，想要享受当母亲的乐趣，又不想牺牲自己的自由时光；就像那个纠结是否调整工作的朋友，想要更好的薪水与平台，却连每天多出半小时的通勤时间都不愿承担。可是，你到哪里去找只有好处的事情呢？

记得合作的编辑曾经问我，坚持写作是否觉得辛苦。我当时说："文思泉涌的时候是享受的，但也免不了有思维枯竭、不知道如何写下去的时刻。这些时刻真的是苦不堪言，甚至有时候会怀疑自己。”好在我清楚地知道每一份工作都有它的辛苦，再热爱的事情也有不喜欢的一面，我愿意承担这份辛苦，所以无所抱怨。有时候，幸福只不过是知晓、承担、接受，进而享受。而不是站在墙头，拼命权衡，始终无所行动。

往前推几年，我也很贪心，对拥有本身充满了执念，以为拥有的东西越多，自己越快乐，但是现在却越来越觉得，那些真正快乐的人都是目标明确并敢于舍弃的人。他们知道人生从来就不会完满，拥有一样，便要舍弃另一样。

勇敢舍弃该舍弃的，留下要舍命追求的。如此，得其所得，便是快乐。而那些所谓的“骑墙派”，反而在犹豫抱怨中浪费了许多时间，最后落得两手空空，更加不快乐。

精致化的情感陷阱

01

外表可以精致化，但情感不要。

我的一个来访者叫尧，第一次见到他的时候，脑子里只闪过两个字——精致。很久没有见过打扮得如此妥帖的男孩，身材匀称，搭配笔挺的西装，显得很有精神。虽然咨询时间约在下班之后，但他的脸上丝毫看不出疲惫。坐下时，他很客气地问我："我应该坐哪里？"说话的语速不快不慢，其间还会适时地问我："我有说清楚吗？"

我承认，尧身上的精致和妥帖会在一瞬间吸引人的眼球，咨询师也不例外。而对于尧来说，精致的不仅仅是外表，还有生活。在他的嘴里，你听到的是勤奋努力，在部门里业绩永远都拿第一的尧；结婚生子，为妻子和孩子付出所有的尧；

父母恩爱有加，对他体贴入微。再说回过去，尧从小就很聪明，成绩一直名列前茅，保送了重点高中和重点大学，又带着全额奖学金出国，一路走向人生巅峰。

听着他的故事，感觉所谓的精致人生就是尧现在的人生。几次的咨询，我跟着他的叙述走过了他迄今为止的生命线。这条生命线顺遂、美好，让我不禁在心里感慨“上帝的宠儿”这几个字用在尧身上再合适不过了。只是他从未讲过进行心理咨询的真实原因，问他的时候，他只会说：“觉得好奇，就来了。”

再往后的咨询，尧和之前一样，很精神，很阳光，只是我的心里生出一个疑问，为什么他的人生里只有开心、表扬、知足和感恩，连一丝的恐惧、不安和焦虑都不曾有过。这样的人生，固然会让人羡慕和渴望，但总是隐隐地觉得不真实。问他“生活里是否也有过恐惧、焦虑或无措的时候”，那一刻，他的眼睛里有一丝泪光闪过，但很快被一句铿锵有力的回答所代替：“为什么要有恐惧、焦虑、无措呢？那些都是弱者的表现。”

在他的答案里，我终于明白尧精致的不只是他的人生，还有他的情绪。在这份精致化的情绪清单里，只有快乐、开心，没有痛苦、不甘、嫉妒和害怕。这是每个人都渴望拥有的一份情绪清单，但大多数人都没有实现，唯独在尧这里成为现实。

不用我说，你也一定明白，那些被排除在情绪清单之外的所有坏情绪，不会因为刻意优待谁便绕道而行，有的只是压抑、否定和拒绝，压抑愤怒、否定失望、拒绝不开心，等等。这便是尧精致的情绪清单背后的故事。

02

或许你觉得尧的故事有些夸张，甚至有些难以理解，可是你想一下，自己的情绪是否也有精致化的部分呢？在某一个想哭的瞬间，强压着即将喷涌的眼泪，转身对别人说“我很好”。我们很多时候不敢表露负面情绪，不是想刻意地告诉谁自己很坚强，只是有些害怕，害怕自己的软弱暴露出来之后，在某个时刻会变成别人手里刺向自己的利剑。

某一天，你和朋友饮酒至深夜，一不小心打开了话匣子。你借着酒劲儿，也借着夜幕容易带给人的宁静，把封存在心底很久的故事一股脑儿地讲了出来。说完之后，你觉得前所未有地痛快，就像人生可以重启了一样，你甚至对自己说：“以后有话别憋在心里，像这样说出来，多好。”但是第二天酒醒以后，你开始觉得不安，虽然坐在对面听你讲故事的人是你的好朋友，是可以信任的人，你甚至说不出不安的理由，但就是会感到不安。

情感本身是人最脆弱、最柔软、最真实的东西，伪装久了，碰见真实，总免不了觉得陌生，近乎本能地让人想往后退。每个人都想拥有一副铠甲，让躲在里面的自己可以感到安心，别人看到我们的时候，只会看到我们的好。自己在别人的眼里过得好是很多人的追求，为了满足这份追求，铠甲渐渐和我们长在了一起，连自己都分不清了。

03

精致化的东西通常会有一个弊端——拒人于千里之外，而情绪精致化的后果是双重孤独。因为太精致了，所以没有人可以真正看到你的孤独和无助，也不会有人可以真正地走近你。而且自己演绎精致久了，离自己心里那个不安、焦虑的小孩也会越来越远。

一个人最大的孤独莫过于拒绝了别人的靠近，又拒绝了内心的真实。相比于这份孤独，我更希望你不精致，但足够真实。真实也许不够华丽，也不像你内心期待的那个完美的自己，至少可以让你自己活得舒服一点，别人与你相处也会觉得自在，不会有那么大的负担。

我的另一个来访者曾经非常疑惑地对我说，他的一个好朋友有一次和他聊天的时候说在很长的时间里，一直觉得他很虚伪。我的这位来访者不明白对方为什么会这么说，他自问待人真诚，怎么会给朋友这种感觉呢？

他在与朋友深入的沟通之后才明白，朋友所说的虚伪其实是不真实。他好像永远都是积极、乐观的，没有任何抱怨和不满，永远知道在什么场合说什么话、做什么事。他一度以此为傲，觉得自己做好了情绪管理，也做好了社交形象管理，没想到这样的自己会让朋友觉得虚伪。

其实，不怪朋友觉得他不真实，没有人可以做到完美，从不出错。当然，精致可以塑造，但有瑕疵、偶尔出错，这才是真实而鲜活的人。只不过很多人需要花很久的时间才能卸下自己的铠甲和伪装，让真实的自己出现在别人的面前。

我们总是认为精致才是好的，所以每次送礼物给朋友，都会用好看的包装，可无论包装有多么精致，值得在意的永远是礼物本身。人的情感更是如此，包装下的真实，才是值得追求的，也是我们喜欢看到的。

隔着包装与人相见，只会越来越孤独；隔着包装与己相见，只会越来越迷茫。对于相信某一个人和某一份情，我们都需要勇敢一点。

要相信，只有真诚相见，才能抵御孤独。

人人都要逃离的舒适圈，究竟怎么了

01

记得有一次和朋友喝下午茶，我们虽然在同一个城市，也彼此挂念，但见面的机会并不多。朋友已经35岁，且是两个孩子的母亲，但她的状态保持得很好。更可贵的是，她并没有耽误自己的职业生涯，而且之前刚被提升为公司的人力资源总监。

在很多人不得不面对“35岁现象”的时候，朋友顺利地升了职，是实力，也是幸运。不需要面对父母催促自己结婚或要孩子，也不用担心公司会辞退自己，这样的生活是很多人都羡慕的。没想到朋友见到我时开口便说：“我上个月刚刚跟领导提出要调到销售部门。”

我的一口咖啡差点喷出来，谁都知道销售岗位必然要从头开始，无论你之前在其他的岗位做得有多出色，转去销售部门就相当于放弃多年的积淀，选择一条新的赛道。我们当然要尊重每一种选择，如果朋友是另有打算，想在这个年纪重新活一把，未尝不可。

我问她为什么，她给我的回复是“想要跳出舒适圈，不是都这么说嘛，躺在舒适圈意味着温水煮青蛙，随时会死”。听到这里，我放下了手中的咖啡，想要好好跟她聊一聊舒适圈究竟有什么错。

最近几年，好像只要谈到舒适圈，大家的感觉就像看到火圈，一定要逃得远远的。这种想法背后的逻辑很有意思，我们努力让自己过上舒适的生活，好不容易达到之后，又有人不停地告诉你要跳出来，不能一直待在舒适圈里。

我想问，舒适圈究竟怎么了？

02

所谓的舒适圈，大概都像我的那位朋友所处的圈子，通过多年的不懈努力才获得的，其中还有天赋、运气等外在的因素。盲目地跳出舒适圈，把自己置身于一个完全陌生的环境之中，先不说要承担多少打击和焦虑，即便你真的经历这些，结果就一定会好吗？

再给大家说一个关于马克·吐温的故事。马克·吐温在文学上的成就是有目共睹的，但很多人可能不知道，这位大文豪曾经有两次投资经商的经历，不过最终都以失败而告终。

马克·吐温第一个投资的项目是打字机。一个名叫佩吉的人找到他，声称自己正在从事打字机的研发工作，但是还差一笔研发经费。他向马克吐温保证，产品投放到市场之后肯定可以大赚一笔。马克·吐温心动了，前前后后投了近20万美元，可是直到其他人把真正实用的打字机研发出来并投入生产，马克·吐温投资的项目还停留在调试阶段。就这样，他的第一笔投资失败了。

马克·吐温投资的第二个项目是出版公司。他知道自己的作品很受出版商追捧，于是他自己开了一家出版公司。因为不懂财务，也不懂管理，马克·吐温的公司一直经营得不太顺利，最终破产，他本人也是债台高筑。

马克·吐温的妻子知道自己的丈夫能写又能演讲，所以建议他到世界各地去做巡回演讲。经过几年的努力，他终于还清了债务。马克·吐温做了自己不擅长的事，既浪费自己的精力，也浪费了金钱。

对我们来说，那些舒适圈很可能是通过综合考虑，经过千百次的磨炼，才发现是自己能做到最好的领域。盲目地跳出舒适圈，挑战一个自己可能完全不擅长的领域，这是说不上理性的选择。

舒适圈可能是最适合你的圈。

03

我自己从记者转到心理咨询师，如今成为以文字和咨询双重职业为生的自由职业者，已经是第8年了。回看自己的转行路，其实就是一条从不舒适圈到舒适圈的进阶路。我一直有一个梦想，希望遇见不同的人、听不同的故事、写不同的文章，所以选择从记者转行成为心理咨询师。从事心理咨询和写文章，这极大地满足了我的愿望。

转行之后这几年，一直有人劝我找一份稳定的工作，担心我的自由职业是朝不保夕的。对我来说，现在的状态就是自己的舒适圈，我已经为此努力了数年，好不容易拥有了这个舒适圈，哪有轻易去换的道理？

我喜欢咨询，也喜欢写作，所以，我把公众号的签名改成“我爱咨询，也爱写作，希望把这两件事情做到90岁”。因为喜欢，也因为写作与咨询都是可以不断探索、发现新意的工作，一直待在这个舒适圈里，我才能把这两件事情不断做到更好。

我想在这样的舒适圈里，一直待下去，也劝你，如果此刻的圈子不舒服，看看是哪里出了问题，有没有可能调整到更好的状态。如果此刻的圈子是舒适的，在原有的基础上做到专和精，才会真正看到山顶的风景，而不是一直为了所谓的挑战而不断跳出舒适圈。寻求舒服是人的天性，真的没必要太拧巴。

跳出不舒适圈，待在属于自己的舒适圈。

累死人的内心剧场

01

你的疲惫，是因为内心戏太多。你有没有这样的感觉：有时候，明明一天的工作都很轻松，最多的时间，是无所事事地抱着手机刷朋友圈，可是晚上身体碰到床的那一刻，依然觉得很累很累。

“老师，为什么我明明什么都没做，一天下来却依然觉得累？”这是珊来到咨询室向我提的第一个问题。

我和她一起回溯了她的一天，发现她几乎什么事情都没做。一份稳妥、清闲的工作，大多数的时间里，她的工作给人一种出现在单位就好的感觉。珊就这样靠着刷网页、喝茶、线上和朋友聊天，过着属于自己的一天。可是她并不觉得轻松。于是，我又和她回溯了她一天的心理活动，结果发现了另一个故事。

早上，和领导一起进电梯，说了一声“主任好”，就傻傻地盯着电梯上的数字，不知做何反应。于是，从下电梯的那一刻，她就在想领导会不会觉得自己不够热情或者觉得自己有些木讷、不善交际。就这样，珊一边害怕领导对自己有看法，一边对自己的行为感到懊恼，时间就这样过了一个上午。

中午，同事小李约她一起吃饭，她想到自己正在减肥，就说：“我今天带午餐了，就不和你一起吃了。”话是说出去了，可是珊吃着自制的沙拉，满脑子想的是小李会不会觉得她不合群，人家上个月去泰国旅行，还给自己带了一条好看的围巾，这样会不会让人家感到没面子……

好不容易熬到下班，珊看一眼孩子的家长群，一个家长指责她给孩子报了一个质优价廉的夏令营，也不知道告诉大家一声。珊觉得憋屈，想怼回去，又担心别人说她素质低，想了想，便忍了下来。

这是珊的一天，看似什么都没做，内心却已是万马奔腾，上演了一出又一出的内心戏。这样看的话，珊觉得自己很累，便是必然的了。

02

不知你是否也在珊的身上找到了自己的影子。领导问话，你回答得战战兢兢，生怕想了很久的回答有哪个字或是哪个词说错了；同事莫名取笑你，你觉得委屈又愤怒，想站起来反击，又怕破坏了在别人心里的形象；伴侣买了你很不喜欢的礼物，很想告诉对方不喜欢，但是考虑到对方的一番心意……

总之，你把太多想说的话和想做的事放在心里，因为找不到出口表达，慢慢演变成一出又一出的内心戏，而内心戏的本质是压抑的情感。我们都知道，疏导比压抑好得多，你压下去的情绪会在内心积聚，然后反过来伤害自己。人们为什么会每天上演一出又一出的内心戏，你又是如何成为内心戏的主角呢？

第一，总想为别人的情绪负责。

想到一个来访者说：“我的身上好像插上了一根根的管子，这些管子用来感知别人的情绪，谁生气了、谁的情绪不好，我都能察觉到。所以，我说话、做事总是小心翼翼的，害怕哪句话说重了，哪件事做得不妥帖，伤到了谁。”

你或许不至于小心到去感知所有人的情绪，但大概也有过这样的担心，害怕拒绝朋友而伤了朋友的感情，害怕表达对礼物的不喜欢而伤害伴侣。其实，这些都是在为别人的情绪负责。

第二，怕被拒绝。

你大概有过这样的经历，明明只是让对方帮忙拿一杯水或者请路人帮忙拍一张照片，但总是开不了口，自己心里很清楚，这些都是很小的要求，但是为此开口对你来说就是很难的一件事，而说不出口的原因是害怕被拒绝。

总有那么一些要求就在嘴边，总有那么一些不满埋在心里，但还是害怕万一说出口，对方拒绝自己怎么办？一出被拒绝的内心戏又悄悄上演，演来演去，该说的话还是没有说出口。

第三，害怕冲突。

习惯演内心戏的人，总会在心里悄悄预想，如果真的表达了不同意见，万一对方不高兴，真的吵起来，我要怎么办？

这些人的内心有一个根深蒂固的观念，只要表达不同意见，就面临着不可收场的结局，这种观念可能跟原生家庭有关。比如曾经的一个来访者，他曾经因为想去同学家里玩而拒绝了父亲提出的全家一起出游的提议，然后父亲愤怒地把桌子掀了，这给他传递了一个信息，他觉得自己一旦表达不同意见或观点，就会发生类似的事情。他的内心戏总是会变成“恐怖片”，很多话自然不敢说出口。

03

我们应该如何拯救爱演内心戏的自己呢？

对于这样的人，我想送两个字——信任给他们。所谓信任，既包括信任自己，也包括信任别人。我们先说信任自己，信任自己包括两个层面：

第一，信任自己所做的事。

心理学上有一个概念——投射。投射指的是一个人将内在生命中的价值观与情感好恶影射到外在世界的人、事、物上的心理现象。换句话来说就是，别人怎么看你，其实和你没有什么关系。比如一个人喜欢你，只是因为你做了符合他的审美和期许的事，他不喜欢你也是同样的道理。所以，不必为了别人的期许勉强自己，把自己弄得很难受。无论你做什么，无论做得好坏，都一定有人喜欢，有人不喜欢，既然如此，不如安心做自己就好。

第二，信任自己的感受。

感受是不会骗人的，如果你感受到了不安、焦虑和恐惧，一定是发生了不好的事情，或者对方做了什么让你有这样的感受。这个时候，千万不要怀疑是不是自己的感觉错了，大大方方地表达“我好像有点害怕”或者“我觉得你刚刚说的话，让我觉得有些不舒服”，感受不会骗人，也不会伤人。客观地表达自己的感受，没有人会因为你的感受而指责你，这样倒是给了彼此一个沟通的机会，一起寻找一种方式让彼此都舒服，而不是刻意地委屈自己。

另一个层面是信任别人。所谓信任别人，是要相信别人同样也有处理负面情绪的能力。有些时候，我们之所以会上演那么多的内心戏，是生怕说了什么、做了什么，让对方感到不舒服，以为对方都是“玻璃心”。你要相信，对方也有处理情绪的能力，如果他觉得不舒服，也会让你知道，你不必一直背负着他没有说出口的情绪前行，那样会很累，也很辛苦。

所以，告别演不完的内心戏无非是“信任”二字，信任自己，也信任别人。如此，你会觉得通透、愉悦许多。

“懂事崩”是对自己最大的残忍

01

焦虑面前，人人平等。

和一个朋友聊天，无意间谈起最近的压力与焦虑，她说：“你有没有注意到，写字楼里的白领占用卫生间的时间比别的地方长。如果你仔细听，还会听到哭声。”

我不坐在格子间上班已经很多年了，却也记得那些被客户气得想哭和加班累到崩溃的时刻，卫生间在那个时候就成了最好的避难所。冲水声可以掩盖哭声，锁门之后不用面对同事似真似假的安慰，哭过之后还能默默补个妆，仿佛什么都不曾发生过。有人说，成年人有两个避难所——上班时的卫生间和回家时的地下车库。这两个地点都是具有私密性的，不会被打扰，可以让你拿出一点时间来处理自己的焦虑和崩溃。

这几年，网络上有一个词叫“懂事崩”，指的是成年人的情绪崩溃无法随心所欲，不能当众示弱，不能影响工作和生活，只能在确保第二天能够休息的深夜里独自崩溃。很懂事，也很无奈。看到这个词的时候，瞬间感到作为成年人的一丝丝酸楚。哪怕很多人并不知道“懂事崩”，但早已用这种成年人才会的崩溃方式来缓解情绪了。

你有多少次，明明在深夜里想大哭一场，但是第二天还要上班，怕不知道如何和同事解释自己肿胀的双眼，只好作罢。又有多少次，明明加班加到怀疑人生，老板还丢过来一个要改的方案，你很想骂人，但回的消息是“好的，老板，没问题”，可能还会配上一张笑脸的表情。

我们真的就这么学会了不动声色地做一个大人，情绪稳定，永远积极向上，工作的疲惫不敢跟同事吐槽，怕影响同事的干劲，或者被人说“你怎么这么消极”；家里的压力不敢跟妻子和孩子讲，因为觉得自己是他们的天，天塌了，他们要怎么过。所以，有人说成年人的世界，比崩溃，谁不会，比的就是谁能真正戒掉情绪。

想起有一天，深夜看到一条朋友圈的内容：“一直觉得自己很强大、很乐观，连喝酒都从来喝不醉，不管多忙，不管多晚，也不管喝了多少，都能清醒地把自己带回家。如今想来，是因为身后没人，不敢崩溃，不敢倒下，只能强撑，把笑脸留给别人。”

不出所料，第二天一早，这条朋友圈的内容就消失了，她的朋友圈留下的内容全都是她正能量满满的样子。我大概是为数不多的几个看到那条朋友圈的人，有些心疼，但也明白这就是成年人发泄情绪的方式。在不被看见的时刻表达崩溃，在被看见的时候拼命演绎成功和精彩。

02

戒掉情绪，真的好吗？

想到一个来访者的故事。来访者曾经在一家公司做人力资源的工作，努力上进，勤勤恳恳，节假日加班也是家常便饭。早在刚入职的时候，就有前辈提醒她，人力资源的工作是与人打交道，涉及公司里的每一个人，比较敏感，要学会不把情绪写在脸上。

多年的职场历练，加上自己的忍耐力，她好像真的戒掉了情绪。领导交办的工作，她尽力做好，哪怕要求无理，哪怕部门的同事都在抱怨，她也永远是一副元气满满的样子，微笑地面对工作，微笑地面对每一个人。可是表现得没有情绪，并不代表真的没有情绪。她心里积压着的最大怨气是她在公司已经 5 年，职位和薪资竟然没有任何变化。去年刚入职的同事，竟然在很短的时间里就升了职。她越来越郁闷，表面上依然对所有人微笑相待，但她的工作效率越来越低，出错越来越多，就连约见候选人都三番五次地弄错时间。公司后来的业绩不好，有了裁员的计划，而她赫然出现在了裁员名单上。

在咨询的时候，连她自己都说："如果能推心置腹地和领导聊一聊，哪怕是吵一架，都比把怨气撒在工作上要强得多。如今落得这个结果，连辩驳的理由都没有了。"

情绪很聪明，你以为自己压得很巧妙，压得不声不响的，但它总是会以不易察觉的形式表现出来。刚烈的，会通过行动表现出来，拖延、消极怠工甚至动手打架，都是情绪的表达；阴柔的，也会积郁在心，以胸闷、失眠甚至抑郁的形式表现出来。

所以，情绪从来都没办法真正戒掉。

03

别那么快学会“懂事崩”。

每当看到那些深夜痛哭或是在写字楼的卫生间里啜泣的故事，我都会感到心疼。我很想告诉大家，情绪并没有好坏之分。悲伤的情绪告诉你，痛苦的内心需要抚慰；愤怒的情绪告诉你，自己的心理边界受到了侵犯，要奋起保护；焦虑的情绪告诉你，自己已经不堪重负，需要减压了。

你无法真的戒掉情绪，因为它们像一个个敏感的战士保护着你的安危，让你及时采取行动，保护自己。与其学会“懂事崩”或是戒掉情绪，不如学习如何与情绪相处。

第一，学会说不。

蔡康永说：“对于不喜欢的事情，我们可以说不。该哭的时候哭，该笑的时候笑，只有充分地体会喜悦和悲伤，才有资格说人生是值得活的。”你也可以做到，如果工作的负担过重，如果家人给了你太多期望，如果只是单纯地不喜欢某个人或某件事，说“不”可以在你的生活中减少很多崩溃的瞬间。

第二，学会求助。

我们从社会中得到的信息，都是在让我们越来越独立，不给别人添麻烦，却没有人告诉你，越独立，也有可能越孤单。如果你下次在深夜痛哭，记得发给朋友一条信息：有没有还没睡的人，愿意聊一聊。也许你会在那个时候多一双倾听的耳朵，多一个解决问题的视角。世界在你的眼里就是自己的，但不应该是孤独的。拥抱的温暖在于你先伸出那双手，哪怕是求助的双手。

第三，学会表达。

没有什么痛苦是不可以说的，比戒掉情绪更好的面对方式是处理情绪。人们总是喜欢强调正能量，这当然不是错，这样可以让自己更快乐，把更多快乐传给他人，但这是一种理想的状态。喜怒哀乐如同手机的出厂设置一般，是标配的四种情绪。

你的生活里不会只有快乐，面对负面情绪，学会表达和疏解，是需要掌握的技能。比如，领导给你安排忙不过来的工作，让你喘不过气的时候，去和领导沟通，或者至少按照事情的轻重缓急排一下顺序，你会因此而轻松很多。如果被人误解或是被人指责，告诉对方事情的真实情况，把自己要说的话说清楚，而不是一味地承载负面情绪，内心也就不会那么压抑。问题解决了，负面情绪少了，“懂事崩”的情况自然也会减少。

成年人的世界,需要学习的不是“懂事崩”,而是善待自己。

从未想过，求助竟然变成“硬实力”

01

“老师，我得了抑郁症，怎么才能不被别人讨厌？”这是一位读者给我的留言，如果有一个“一句话让别人心疼”的比赛，这句话肯定可以得奖。生病之后，她最关心的不是如何让自己好起来，而是想着如何才能不让别人觉得讨厌。看到这句留言，我真的很难受。

我回复她：“现在的你，要做的不是担心别人会不会讨厌你，而是要告诉你亲近的人，你需要帮助，需要陪伴。”

她说：“我害怕说多了让别人讨厌。朋友前两天的生日会，自己的状态明明很差，很不想去，但是不想让朋友难过，还是去了，但是又真的开心不起来。聚会结束的时候，一个朋友对我说，‘你知道自己全程苦瓜脸，让人看着不舒服吗？’”

后面的话不必问，她一定没有办法告诉朋友说自己生病了。对很多人来说，求助是比死扛更困难的事情。

02

我们为什么不喜欢求助?

第一， 因为害怕会拒绝。

每一次发出去的求助信号，很多时候就像是空中飘零的树叶，若有人懂得珍惜，将落叶捧在手心，求助得到了回应，也可以让求助的人感到温暖，但大多数的时候，无人问津、黯然坠落是常态。

如果你有过求助的经历，不管是借钱，还是寂寞的时候想要陪伴，那你应该了解发出去的信息、等待电话被接起的那几秒或几十秒都是最难熬的时间。你的脑海会上演一场场被拒绝的戏码：他说自己的手头儿也紧，他说自己现在特别忙，他说他在外地，有空约。这短短的煎熬，仿佛自己被审判了很多次。所以，为了不被拒绝，更多的时候，我们选择一个人死扛。

第二，害怕丢面子。

对于有些脸皮儿薄、时时刻刻期望自己处在“上位者”的人来说，求助是意味着把自己脆弱的一面表现给别人看，这是万万不可的。

我的一个朋友，在疫情防控期间，因为公司的业务调整，她所在的部门整体被撤销。她因此失业了半年，但她每天还是会像原来一样准时出门和回家，没对老公和孩子说过一句。直到后来找到工作，才轻描淡写地跟老公说了一句：“我换工作了。”

我问她为什么要这样强撑，她说：“在他眼里，我一直都是优秀的，被裁掉这么丢人的事情，我不可能跟他开口。”

第三，害怕麻烦别人。

在以往的咨询中，我曾经多次鼓励来访者向父母、朋友寻求帮助，但来访者的回答大多是“我不想麻烦别人，大家都挺忙的”。是啊，父母要忙着赚钱，不能再给他们增加负担；同学在准备考试，谁也不比谁闲，不方便找他们；朋友最近遇到了困难，更不好给人家添麻烦了……

所有人都在忙，你只有自己，只好在深夜一遍又一遍地咀嚼着自己的痛苦。这些懂事的背后，都有一定程度的“我不配”在作祟，因为觉得自己不配，所以自然而然地把自己当成别人的麻烦。求助，当然是不可能的。

03

不求助，收获独立，也收获孤独。我们从小接受的教育是在让我们学会独立，不给别人添麻烦，求助无形中变成软弱的表现。每一个习惯独自解决问题的人大概都会有这样的体验，觉得自己强大了，同时也更孤独了。

在现在这个时代，独立并不是太难的一件事，只要银行卡里有钱、手机有电、网络信号还在，几乎可以解决日常生活中的所有事情。饿了可以点外卖，日用品可以网购，搬家、维修物品都有可以上门服务的公司。

当我们所处的这个时代越来越便利，不用浪费人情的资源越多，我们越是可以独立地活着，但这种便利的“副作用”之一便是孤独。比如，搬家找搬家公司，方便又省事，但就是不如和好朋友们一起忙活，然后再一起吃顿火锅，帮你庆祝乔迁来得热气腾腾。

学会求助，不是为了离孤独远一点，重要的是我们每个人都会有自己的局限，可能是能力，也可能是阅历，或是其他的方面。即便时代已经如此便利，还是会有力所不及的事情和地方。与更多的人合作，意味着你可以做更多的事情，看到更大的世界，这是独立所做不到的。

每个人都需要别人的帮忙，李嘉诚不例外，你我当然也不例外。适时的求助，不仅不丢人，而且是一种懂得借力的智慧。

04

你可能觉得道理都懂，但就是说不出口，也不知道应该如何求助，到底应该怎么办呢？

我记得看过的一次 TED 演讲，演讲者是海蒂·格兰特·霍尔沃森，她是畅销书作家，也是哥伦比亚大学社会心理学博士。她在演讲中提到了关于如何求助的四种方法：

第一种方法：大声告诉别人，你需要帮助。

我们在某种程度上都有心理学家常说的“被洞悉的错觉”，这说的是我们的一种错觉，我们总觉得自己的思想、感觉和需要对他人来说很明显，而事实是你不说出来，真的没有人知道。即使拐弯抹角地提出来，别人也不见得可以明白你真正的需求。

还有一点，如果你不说出来，别人很有可能觉得主动帮你是一种冒犯，哪怕有想帮你的心，也不敢随意出手。比如你在坐飞机的时候，邻座的女孩正在哭，你很想递上一张纸巾，但想想自己并不认识对方，这样的举动也许让人觉得很奇怪，于是只好作罢；好朋友要买房子，你觉得他可能还差一点钱，但对方没有开口，你担心主动开口可能会让朋友的自尊心受挫……

所以，不光求助的人百般扭捏，施以援手的人也会出于种种原因而产生复杂的心理活动。把自己的话说清楚，把自己的需要表达明白，这是最简单的解决问题的方式。

第二种方法：当我们求助时，一定准确地阐述我们需要的帮助和原因。

没有人想帮倒忙，如果你的求助是不够明确的，对方就无法完全理解你想要得到什么样的帮助，他们不知道是否可以帮到你。

作为一个心理咨询师，我经常会收到很多求助的留言。

比如，我的人际关系不好怎么办？我的性格内向怎么办？我活得就是不快乐怎么办？这些问题并不难理解，但太过宽泛，我想要回答也不知道从哪里说起。即使是同样的问题，对于不同的个体来说，形成的原因和解决方法也可能千差万别。把求助的问题说清楚，更易于让自己获得帮助，这是一种更有效率和更有可能获得反馈的方式。

还有，对于这样的对话，你一定不陌生：

“你在忙吗？”

“有点忙，怎么了？”

“没事，那你先忙吧。”

明明是想要对方的陪伴，但听到对方说正在忙，就收回了自己要说的话。这种很常见的“犹抱琵琶半遮面”的求助方式，真的让人很难明白你是否需要对方的帮助。

第三种方法：请不要用类似免责声明或道歉的方式去求助。

“我非常抱歉地要请求你一件事情”“我真的非常不想麻烦你”“如果没有你能做成这件事情的话，我一定不会麻烦你”等，这种方式的表述听上去很客气，但是会让想要给予帮助的人感到不舒服。如果你们的关系很好，那帮助是关系中非常自然的一个部分，如果在这个基础上加上过多的客气话，会把彼此的距离拉得很远，对方反而会不愿意帮助你。

第四种方法：收到帮助后，及时地给予反馈。

帮助别人是一件快乐的事情，尤其是当你知道自己的帮助对别人可以产生积极影响的时候。宾夕法尼亚大学曾经做过一项实验，对象是一所大学里的员工，他们的工作是给校友打电话，为本科生筹集奖学金。

在这个过程中，工作人员被分成两组，其中一组，实验人员安排一名奖学金得主，也就是募捐的受益者来探访工作人员，探访的时间只有 5 分钟。探访结束后，主管就跟这些工作人员说：“你看，这些孩子就是在我们的帮助下，才能继续读书的。”而另一组，格兰特就让他们正常工作，没有安排探访。

这个实验的统计数据显示，被探访的那组工作人员，他们打电话的时间比探访前增加了 142%，筹集到的款项比探访前增加了 171%，而没有被探访的那一组，工作结果和之前几乎没有什么变化。

我们都是喜欢被夸奖的，当我们的帮助给别人带来了正向的反馈，我们就会更主动地帮助别人。如果你受到别人的帮助，记得要给对方及时的反馈，当对方知道他的帮助产生了积极的影响，他以后也会更愿意帮助你。

最后，我想说的是，人类在发展的过程中最终选择了群居的生活方式，依靠群居来弥补自身的不足，依靠群体生活获得安全感和稳定感。所以，求助是很正常的，我们没有必要为了独立而丧失求助的能力。

学会求助，学会互助，我们才可以过得更好。